大栗博司

強い力と弱い力

ヒッグス粒子が宇宙にかけた魔法を解く

GS
幻冬舎新書
292

イラスト・図表　大栗博司
DTP　美創
編集協力　岡田仁志

はじめに

二〇一二夏、素粒子物理学の歴史的瞬間

二〇一二年の夏、私は米国コロラド州にあるアスペン物理学センターに滞在し研究をしていました。この研究所には毎年夏の間、世界中から物理学者が訪れ、活発な議論が交わされます。七月四日深夜、この研究所の会議室に三〇人近くの物理学者が集まりました。スイスのジュネーブにあるCERN（欧州原子核研究機構）で行われるセミナーの様子を、世界中に同時送信されるウェブキャストで見るためです。セミナーの開始時刻はジュネーブ時間の午前九時。コロラド時間では午前一時ですが、この歴史的瞬間をライブで確認しないわけにはいきません。

私たちが待っていたのは、ヒッグス粒子と呼ばれる素粒子の発見です。これが見つかれば、「標準模型」と呼ばれる、素粒子の世界の基本理論が完成するのです。

素粒子物理学の目的は、この世界は何でできているのか、その間にはどのような力が働いているのかを明らかにし、私たちの宇宙の深遠な謎に答えることです。そのために多くの研究者たちが長年にわたって知恵を絞り、築き上げてきた理論が標準模型です。そしてこの理論の中

で、ただ一つ未発見だったのがヒッグス粒子でした。この粒子を見つけることが、ＣＥＲＮがＬＨＣ（大型ハドロン衝突型加速器）という巨大実験施設を建設した目的の一つだったのです。しかし、その日のセミナーが本当に歴史的瞬間になるかどうかは、セミナーが始まるまで半信半疑でした。

加速器による新粒子の探索実験には、きわめて高い統計精度が求められます。膨大なデータを集めて、誤差による間違いの確率を一七四万分の一より小さくできないと公式の発見とは言えません（この確率の意味については、のちほど説明します）。その前年の末、二〇一一年一二月の経過発表のときにも、新粒子の兆候はありました。しかし、その時点ではデータが足りなかったので、たんなる統計の揺らぎである可能性が少なくとも五〇〇〇分の一程度はあると判断され、発見とは言えませんでした。

七月四日のセミナーまで、それから半年しか経っていません。統計精度を上げるには実験を繰り返して大量のデータを収集しなければならないので、まだ発見の発表にまではいたらないだろうというのが大方の見方でした。たとえば、発表の二週間前にはＣＥＲＮで科学政策委員会が開かれていましたが、参加していたカブリＩＰＭＵ（数物連携宇宙研究機構）の村山斉機構長の話によると、「もしヒッグス粒子が発見されていなかったら、どのような発表をすべきか」ということも議論されていたそうです。

しかしセミナーが始まり最新のデータが発表されるたびに、深夜の会議室で歓声があがりました。CERNは正式に、水素原子のおよそ一三四倍の質量を持つ新粒子の発見を宣言したのです。手回しよくシャンパンとケーキを用意している人がいて、そのまま明け方までパーティになりました。

あくまでも新粒子の発見であって、それがヒッグス粒子だと確定させるにはまだ調べるべきことがありますが、素粒子物理学の歴史的瞬間に立ち会えたことに私は深い感動を覚えました。

「人類、やるじゃない！」

私がこの発見に驚き、感動した理由は二つあります。

一つは、この実験を支えた技術力のすばらしさです。

LHCの施設では、一周二七キロメートルの無人のトンネルの中で、陽子と呼ばれる粒子を光速の九九・九九九九九九九パーセントまで加速します。右回りと左回りに走る二組の陽子の運動を、絶対温度一度近くまで冷却した超伝導電磁石で制御し、正面衝突させます。加速した陽子の集まりの運動エネルギーは、フランスの高速鉄道TGVが時速一五〇キロメートルで走るときのエネルギーに匹敵するという、世界最大の実験施設です。

私は、運転開始一年前の二〇〇七年夏に、LHCの施設を案内していただいたことがありま

[図1]LHCのALTAS検出器。中央の空洞部分に立っている人と比べるとその大きさがわかる。周りにある8本の管は超伝導電磁石。空洞の奥にあるのは、衝突して生成された粒子のエネルギーを測定する機械で、これから空洞部分に挿入されるところである。私が2007年に見学したときには、この空洞部分は精密機械で埋め尽くされていた。
©CERN

す。地下一〇〇メートルまでエレベータで降りると、直径二五メートルの巨大な粒子検出器がそびえていました。検出器の重量はエッフェル塔と同程度。しかし、ただ大きいだけでなく、一秒間に一〇億回も起こる陽子の衝突で発生する大量の粒子をすばやく確実に捕獲してその種類や性質を記録し、その中から新粒子を見つけるための精密機器の集まりです。自然界の最も奥深い真実を探るために、何千人もの科学者や技術者が二〇年かけて完成した検出器を前にして、私はパリのノートルダム大聖堂を初めて見たときの感動を思い出しました。

二〇〇八年九月に運転が始まった直後には大きな事故が起きて実験継続が危ぶ

まれましたが、二〇〇九年一〇月の運転再開後はすべての機器が完璧に機能し、設計の基準を大きく上回る働きをしました。この実験装置によって、私たちはこれまで人類が見たことのない一〇〇〇京分の一メートルの世界に初めて踏み込むことになったのです。

とはいえ、ヒッグス粒子の検出は容易な仕事ではありません。装置の性能を考えると、データ収集には二〇一二年末ぐらいまでかかると思われていました。それからさらにデータを解析するとなると、ヒッグス粒子発見の発表は早くても二〇一三年の春。それが半年以上も早まったのは、私たちにとって驚くべきことでした。

七月四日にセミナーを開くことはその二週間前に決定されましたが、CERNのロルフ・ホイヤー所長によると、その段階では所長自身を含めて誰も結果を正確には知らなかったそうです。データ解析の公正さを保つために予断が入らないように注意が払われていたのです。新粒子の発見と宣言できることが確認されたのは、ほんの数日前のことでした。

献身的な努力によって大方の予想をはるかに上回るペースで実験を進めた現場の研究者や技術者のみなさんには、ただただ脱帽するしかありません。

私が感動したもう一つの理由は、ヒッグス粒子の発見は、技術の勝利であるとともに、数学の力の勝利でもあったということです。

この粒子の存在は、素粒子の世界を数学的に説明するために、理論物理学者たちが紙と鉛筆で考え出したものです。「こういう素粒子があれば理論的には辻褄が合う」という形で予言したものですから、本当にそんなものが存在するかどうかはわかりませんでした。自然界の深淵をのぞき見るために二十世紀の数学や物理学のアイデアを結集したとはいえ、所詮は人間が頭の中で考え出したもの。自然がそのとおりになっているという保証はないのです。私が大学生のときに読んだ素粒子物理学の教科書にも、「標準模型の中では、ヒッグス粒子が関与する部分が、最も未確定な側面だといってよいだろう」と書かれていました。

ところが今回の発見で、自然界がその理論を採用していたことがわかりました。人間が頭の中で考え出したことが、自然の基本的なところで実際に起きていたのです。

人類、やるじゃない！

CERNの発表を聞いたとき、私は心の中でそう呟きました。紙と鉛筆で理論的に予言したものを、ハイテクノロジーの塊のような実験装置で検証する。そう考えると、私たち人類の知的営みは実にダイナミックです。

自然界で働く四つの力とは?

さてそれでは、紙と鉛筆(あるいは黒板とチョーク、場合によっては紙の代わりにレストランのナプキンなど)を使って考える理論物理学者たちは、どのようにヒッグス粒子の存在を予言するにいたったのでしょうか。

ヒッグス粒子の発見によって完成した標準模型は、素粒子の世界を説明する理論です。素粒子とは、それ以上は分割できない物質の最小単位のこと。つまり標準模型は、自然界の成り立ちを基本的なレベルで説明する理論です。これまで半世紀以上にわたって多くの物理学者が、さまざまなアイデアを緻密に組み合わせながら、築き上げてきました。

素粒子の理論を「標準模型」と呼ぶのは不思議な言葉遣いですが、その名前のわけは理論の全貌を明らかにしてから、最後の章でお話しします。

この標準模型が取り扱うミクロの世界では、物質と物質の間に働く三つの「力」が主役を務めています。自然界全体では、さらに重力を加えた四つの力が働いていると考えられています。四つの力の中でも、重力は私たちに最もなじみのある力でしょう。また、宇宙を理解するために重要な力でもあります。私は前著『重力とは何か』(幻冬舎新書)で、この力の最新の話題について解説しました。

しかし、重力は素粒子の標準模型には含まれていません。標準模型で扱う現象——たとえば

LHCでの実験――には、重力の影響はほとんどないからです。素粒子の世界で重要になるのは、電磁気力、強い力、弱い力の三つです。

三つの力のうち電磁気力は、私たちも日常的に実感することができます。これはもともと電気の力と磁気の力として別々に認識されていたものですが、十九世紀の物理学者によって電磁気力と呼ばれる一つの力の表れだと理解されるようになりました。冬の乾燥した日に静電気でバチバチッと痛い目にあうのも、磁石が引き付けあうのも、同じ電磁気力によるものです。原子をくっつけて分子を作ったり、また分子を集めて一つの塊とし、私たちが日常生活で触れるさまざまな物質を作るのも電磁気力です。机が硬いのも、椅子に座ることができるのも、机や椅子の中の分子が電磁気力でまとまっているからです。この力がなければ私たちの身体もバラバラになってしまいます。

では、残る二つの力はどこにどのように作用しているのか。

そもそも名前が「強い力」や「弱い力」と専門用語らしくないので、ミクロの世界で働く特別な力だとは思えない人もいるでしょう。腕力が人並み以上に強い人もいれば、忍耐力が弱い人もいる……といった具合に、どんな力にも強弱はあります。

しかし、これはそういう漠然とした意味の言葉ではありません。一方は電磁気力より強く、一方は電磁気力より弱いためにいささか安易なネーミングになりましたが、どちらもミクロの世界で働く力につけられた、れっきとした物理学の用語です。英語でも「ストロング・フォース」、「ウィーク・フォース」と呼んでおり、強い力と弱い力はその直訳です。

本書ではこの二つの力が主役になります。新たに発見されたヒッグス粒子の意義を理解するには、この二つの力について知る必要があるからです。ヒッグス粒子は、もともと強い力や弱い力の仕組みを知ろうとする努力の中で予言された粒子でした。この二つの力を理解することで標準模型がすっきりとわかり、その最後のピースであるヒッグス粒子発見の意義も納得していただけると思います。

放射線にも地震にも関わる「弱い力」

ヒッグス粒子の発見が報道されたとき、「それが自分の生活と何の関係があるのだろう」と思われた人も多いでしょう。しかし、重力や電磁気力のようには感じられないとはいえ、ヒッグス粒子が関与する弱い力は、私たちの生活と無縁ではありません。それどころか、きわめて大きな影響を与えています。

二〇一一年三月一一日の東日本大震災に伴う福島第一原子力発電所の事故によって、放射性物質による広範囲かつ深刻な汚染が起きました。かつて広島に投下された原子爆弾の約一六八個分に相当する放射性セシウムがばら撒かれてしまったのです。そして、その放射線の原因となっているのが弱い力です。

特に問題になっているセシウム137の原子核は、陽子が五五個、中性子が八二個集まってできています。後で説明しますが、原子核の中では、陽子と中性子の数のバランスが大切です。セシウム137では中性子が陽子より多すぎるので、不安定なのです。そこで弱い力が働いて中性子が陽子に変身し、安定した原子核になります。

力が働いて粒子の種類が変わるとは、奇妙なことだと思われるかもしれません。

学校の理科の時間に勉強する「力」とは、物体の運動の様子を変化させるものです。文部科学省の中学校学習指導要領には、「物体に力が働くとその物体が変形したり動き始めたり、運動の様子が変わったりすることを見いだす」と書かれています。しかし、力の働きは、物体の形や運動の仕方を変えるだけではありません。

たとえば「言葉の力」や「芸術の力」と言ったとき、それによって物体の運動が変わると思う人はいないでしょう。それらの力によって変わるのは、それを受け取る相手の考え方や心のあり方などです。また、最近のビジネス書や自己啓発書のタイトルには『断る力』、『伝える力』、『聞く力』、『悩む力』などさまざまな「力」が現れますが、それによって変わるのも運動の状態ではありません。もっぱら自分や相手の心の状態のことを指しているのだと思います。人々の心の状態を変えるものを力と呼ぶ本がたくさん読まれているのですから、弱い力が中性子を陽子に変身させることも、そんなに不思議だと思われないはずです。

さて、中性子は電気的に中性ですが（「中性」子と呼ばれるのはそのためです）、陽子はプラスの電荷を持ちます。中性子が陽子に変身しただけだと、そのままでは電荷の帳尻が合いません。そのため、中性子が陽子になるとともに、マイナスの電荷を持つ電子ができて、陽子の電荷と電子の電荷がプラスマイナスで相殺するようになっています。この電子は高いエネルギーで原子核から放出されます。このようにして中性子が電子を放出して陽子に変わると、セシウムはバリウムになります。こうしてできたバリウムの原子核は、中性子が突然陽子になったので、まだ落ち着かない状態にあります。そこで、電磁波によって余計なエネルギーを放出することで、ようやく安定した状態になるのです。

不安定な原子核から電子や電磁波が放出されることは、十九世紀の終わりに発見されました。当時はそれらの本性がよくわかっていなかったので、放出される電子はベータ線、電磁波はガンマ線と名づけられ、現在でも原子核からの放射線についてはそのように呼ばれています。

不安定なセシウムが、弱い力を引き金にしてベータ線とガンマ線を放出し、安定したバリウムになる。このベータ線とガンマ線が人体にとって有害なのは、原発事故以来、多くの方が認識しているでしょう。

私たちの細胞の中には、ＤＮＡと呼ばれる分子があって、これが生命の大切な情報を保っています。セシウムから放出される電子（ベータ線）は、DNAの中で原子が結合しているエネルギーの一〇万倍の大きさの運動エネルギーを持っています。電磁波（ガンマ線）のエネルギーも同程度。このように高いエネルギーを持つ電子や電磁波が私たちの体内に入り、DNAを横切ると、原子同士の結合が断ち切られてしまいます。

DNAは、二重らせんと呼ばれるように、鎖のようにつながった原子が二列、らせんのように巻き合いながら伸びています。この二列は同じ情報を担っており、もし一列が損傷しても、もう一列の情報を使って修復することができるようになっています。ですから、セシウムが放出する電子や電磁波が、二重らせんの一方を断ち切っても、普通は直すことができます。しかし、運悪く両方の列が同じ場所で切れてしまうと、修復ができなくなってしまいます。そして、間違った情報を持ったDNAを原因として、悪性細胞が大量生産されてしまうと癌になるのです。

セシウム137が厄介なのは、それだけではありません。その半減期（放射線量が半分になるまでの期間）が三〇年と長いことも、汚染の影響を深刻にしています。たとえばセシウムの原子が一〇〇個あったとすると、そのすべてが一気にバリウムになるわけではありません。三〇年経っても五〇個は残り、放射線を出し続けるので、避難した人々は汚染地域になかなか帰ることができないのです。

では、どうしてセシウム１３７の半減期は長いのか。

半減期の長さは、中性子が陽子に変わる速度、つまり弱い力の大きさで決まります。半減期が長いのは、弱い力が「弱い」からです。弱い力がもっと強ければ、セシウムの中性子はどんどん陽子に変わり、半減期は短くなるでしょう。仮に、弱い力が現在の四倍の強さだったとすると、セシウムの半減期は二年弱に短縮されると計算されます。二年足らずで放射性物質が半分になるのなら、汚染の影響が長期にわたって続くこともなかったはずです。

しかし残念ながら、弱い力の強さを勝手に調節することはできません。しかも、もし半減期が二年弱になるほど弱い力が強かったなら、事故直後には一六倍の強度で放射線が出たことになります。その場合、短期間のうちにさらに甚大な被害が生じた可能性もあります。

弱い力の影響は、放射性物質による汚染だけではありません。そもそも、この原子力発電所事故の直接の原因は、宮城県牡鹿半島沖で発生した巨大地震でした。そして、このような地震が起きる仕組みにも、弱い力が関わっています。

地球の中心は非常に高温であり、これがマントルと呼ばれる層を温めて、ゆっくりとした対流を起こしています。マントルの上にある地殻はこれに引きずられて歪み、その歪みのエネルギーが岩盤のずれとして解放されるのが地震です。では、なぜ地球の中心はそのように高い熱を持っているのでしょうか。岐阜県神岡町の神岡鉱山の地下一キロメートルで行われているカムランド実験のグループは、二〇〇五年に、地球の中心から来るニュートリノ（原子核反応に伴って放出される素粒子）の直接観測に世界で初めて成功しました。そして、地熱の約半分に当たる二〇兆ワットが、弱い力を原因とする原子核反応で生成されていることを明らかにしたのです（残りの半分は、地球創生時のエネルギーの名残だと考えられています）。

地震のエネルギーの半分は、弱い力に由来しているのです。

太陽がじわじわ燃えていられるのも「弱い力」のおかげ

弱い力が放射線の引き金や地震のエネルギー源になっていると聞いて、「そんな迷惑な力はなければよかったのに」と思った人もいるでしょう。しかし弱い力の影響は、私たちにとってネガティブなことだけではありません。実は、そもそも私たち人間を含めた生物が地球上に存在できたのも、弱い力のおかげということができます。というのは、生命の源である太陽が燃えるためには、弱い力の働きが重要だからです。

そこで、太陽が燃える仕組みを簡単に説明しておきましょう。原子力発電がウランなどの原子核の核分裂エネルギーを利用しているのに対して、太陽のエネルギーは核融合反応によるものです。陽子が集まってヘリウム原子核になるときに核融合エネルギーが生じて、それが光になって地球に降り注ぐ。太陽は七三パーセントが自由に動き回っている陽子でできているので、

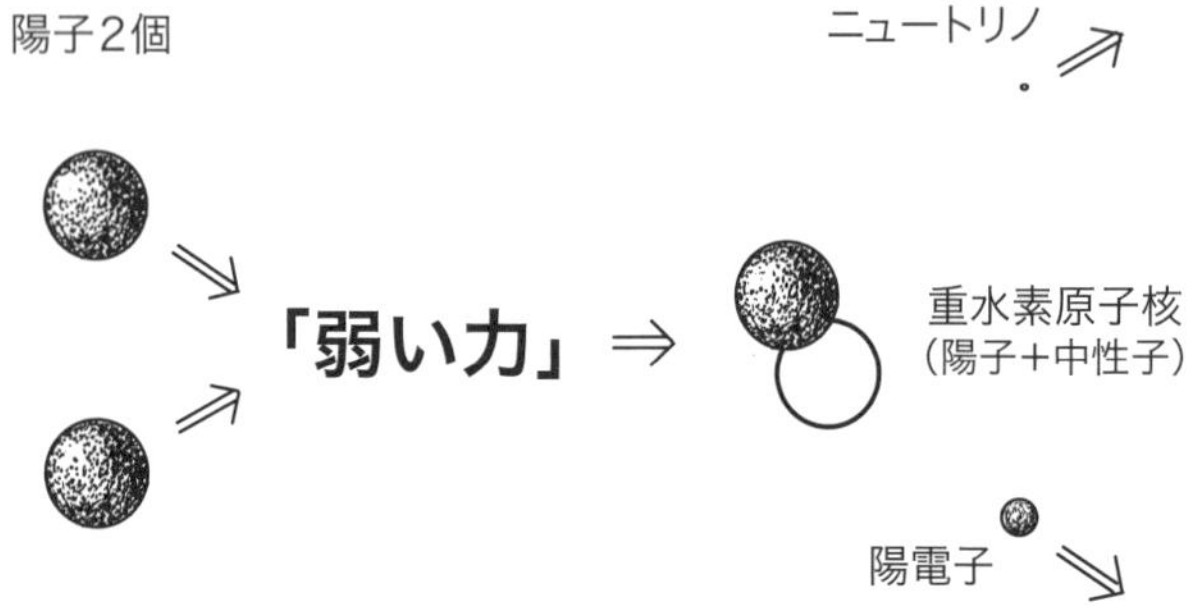

[図2]太陽の中では、弱い力によって、二つの陽子が重水素の原子核に変わる(このとき同時にできる陽電子とニュートリノについては、第三章と第四章で解説する)。

材料はたくさんあります。しかし、陽子を集めただけでは、ヘリウム原子にはなりません。太陽の中では、次の二段階のステップで核融合が起きています。

まず二つの陽子が近づいたときに、たまたま弱い力が働いて、そのうちの一つが中性子に変身すると、陽子と中性子が結合して重水素の原子核を作ることができます(図2)。これが最初のステップで、これが一番の難関です。陽子は電荷を持つので、陽子同士は電荷の反発の力に妨げられて結合することができません。二つの陽子が近づいたときに、ちょうどいいタイミングで弱い力が働いて、陽子の一つが電荷を持たない中性子になってくれないと重水素ができないのです。しかし、弱い力は「弱い」ので、この反応はなかなか起きてくれません。実際、太陽の中の一つの陽子に着目したときに、それが別の陽子に出会って重水素の原子核ができるのは、一〇億年に一回程度であると見積もられています。

そして、いったん重水素の原子核ができれば、それからヘリウム原子核（陽子二個＋中性子二個）を作るのはそれほど難しくありません。これが二番目のステップです。

つまり、太陽が燃える速さは、第一段階の反応を引き起こす弱い力の強さによって決まっているのです。だからこそ太陽は長い寿命を得ることができました。太陽は五〇億年ほど前に誕生し、今後も五〇億年ほど燃え続けると予想されていますが、それだけ長くエネルギーを出していられるのは、核融合反応が一気に起きず、少しずつじわじわと続いているからです。そして、核融合が一気に進まないのは、弱い力が弱いからにほかなりません。

この節を書くために、カリフォルニア工科大学の天体物理学者と日本の国立天文台の天文学者に相談したところ、もし弱い力が現在より一割大きければ、それだけで太陽の寿命は二割も短くなるとのことでした。もっと強ければ、四〇億年前に地球上に誕生した生物が私たち人類にまで進化を遂げる前に、太陽は燃え尽きてしまったはず。今後五〇億年にわたって私たちが太陽エネルギーの心配をしなくていいのも、弱い力が現在の弱さでいてくれるおかげなのです。

弱い力が私たちの生活に大きな影響を与えていることは、このような話でおわかりいただけたでしょう。そして、弱い力の弱さはヒッグス粒子と深い関わりがあるのです。

ヒッグス粒子を減らせばダイエットができる?

弱い力がなぜこのように弱いのかは、素粒子物理学で大きな問題でした。本書で説明するように、弱い力には、ほかにもさまざまな不思議な性質があります。そして、歴史的な大発見として話題になったヒッグス粒子は、こうした弱い力の不思議な性質を説明するために考え出されたものだったのです。

二〇一二年七月にヒッグス粒子が発見された直後、メディアではそれを「万物の質量の起源」とする説明が多く見受けられました。そのため、ここまでの私の説明に違和感を覚えた人も多いかもしれません。「自分の体重もヒッグス粒子が与えているのだから、原発事故や太陽を持ち出さなくても、十分に身近に感じられる」という声も聞こえてきそうです。

しかし、ヒッグス粒子が関わっているのは、実は、私たちの身の回りにある物質の質量の一パーセントにすぎません。残りの九九パーセントが何であるかは、追い追いご説明します。

ヒッグス粒子が発見され、それが質量の起源だと聞いた人々の中には、「だったらヒッグス粒子を減らせばダイエットができる」などという冗談を口にする人もいました。しかし残念ながら、これは冗談としても成り立ちません。たとえヒッグス粒子をスイッチ・オフしても、体重は一パーセントしか減らないのです。体重七〇キログラムの人が七〇〇グラムだけ減量しても、あまり効果があったとは言えないでしょう。

もちろん、ヒッグス粒子が関わっている一パーセントの質量は、それはそれで重要です。たとえば、仮にヒッグス粒子がなかったとすると、電子の質量はゼロになります。そうすると、原子も存在できません。原子の半径（原子核の周囲を回る電子の軌道の大きさ）は、電子の質量に反比例します。電子が軽いほど半径は大きくなるので、その質量がゼロなら原子の半径が無限大になってしまうのです。その場合、この世界の姿はまったく違うものになったはずです。

しかし、理論物理学者たちがヒッグス粒子を考え出した目的は、別のところにありました。質量の一パーセントの説明は、その副産物だったのです。

三つ子の兄弟は、なぜ違う性格になったのか

三つの力のうち、電磁気力の仕組みは、十九世紀の後半にジェームズ・クラーク・マクスウェルによって解明されました。それに対して、強い力と弱い力の仕組みがわかったのは、一九六〇年代から七〇年代にかけてのことです。何世代にもわたって多くの物理学者が知恵を出し合った結果、三つの力をすべて説明できる理論が完成し、その成果をまとめたものが素粒子の標準模型と呼ばれています。

素粒子論には「この世界が何でできているか」を説明する側面もあり、そういうものとして理解している人も多いと思います。しかし、標準模型は三つの力の理論でもあります。そして、

ヒッグス粒子を考え出した科学者たちの本懐は、この三つの力の仕組みの解明にありました。

本書で説明していきますが、標準模型では、電磁気の力、強い力、弱い力のどれも、同じような仕組みで働くとされます。三つの力は、いわば「三つ子の兄弟」のようなものだったのです。実際、宇宙開闢《かいびゃく》直後のビッグバンの時代には、この三つの力は同じ性質を持っていたと考えられています。

しかし現在の世界では、電磁気力、強い力、弱い力は、同じものには見えません。強さもまったく異なります。ビッグバンのときには同じ性質だったのに、宇宙が進化するにつれて異なる性質を持つようになってきたのです。力自体は宇宙開闢のときから存在していたと考えられていますが、その働き方は現在とは違っていた。いわば、生まれたときはまったく区別がつかなかった三つ子の兄弟が、成長するにつれて別々の人格を持ったようなものです。三つ子の力は、なぜ異なる性質を持つようになったのか――それを理解するために考え出されたのが、ヒッグス粒子だったのです。

地図を持たない旅人たちが作り上げた理論

これから本書では、おもに強い力と弱い力に焦点を当てながら、素粒子の標準模型がどのように構築されたのか、その中でヒッグス粒子がどのような役割を果たしたのかを説明していきます。

原子核の中で、陽子と中性子が結びついている仕組みを解明し、日本人初のノーベル賞受賞者となった湯川秀樹は、自伝『旅人』（角川ソフィア文庫）にこんなことを書いています。

未知の世界を探求する人々は、地図を持たない旅行者である

素粒子の標準模型は、まさに地図を持たない多くの科学者たちが、しばしば道に迷い、つまずき、試行錯誤を繰り返しながら作り上げた理論です。この分野に貢献したノーベル賞受賞者は、本書に登場するだけでも四〇名以上に上ります。このことからも、いかに人類の知恵が結集された理論であるかがわかるでしょう。この理論がCERNの巨大な実験施設で検証されたのです。私はヒッグス粒子発見の宣言を聞いて、「自然界は本当に標準模型を採用していたのだ」という驚きと感動をかみ締めました。

二十世紀物理学の偉大な発見の一つである相対論は、光の性質に関する特殊相対論と、重力を説明する一般相対論からなっています。そのどちらも、稀代の天才アルベルト・アインシュタインが一人で構想し、一人で完成させた理論です。とりわけ一般相対論は、アインシュタイン自身が「生涯最高の思いつき」と呼んだすばらしい発想に基づく、壮麗な美しさを持つ理論

です。

これに対し、標準模型は、素粒子のさまざまな性質とその間の力を説明するために、何世代にもわたる物理学者が苦労して作り上げてきた理論です。私はこの理論を大学の勉強会で学んだとき、まるで増改築を重ねてきた温泉旅館のようだという印象を持ちました。教科書を片手に、先輩に手を引かれながら、温泉旅館の迷路のような廊下を歩き始めたばかりのときには、どの部屋がどの部屋につながっているのか、どうすれば大浴場に行けるのか、簡単にはわかりませんでした。しかし、この理論を学び終えたときの達成感は、一般相対論を理解したときよりも深いものでした。素粒子の世界はなんと緻密にできているのだろう。そして、自然の深い姿をそこまで解明しようとする人類はすばらしいと思いました。

本書では、この標準模型の迷宮の奥深くに分け入ります。でもご安心ください。私は、この標準模型を、より根源的な原理から導出することを研究テーマの一つとしてきました。そのため、導出すべき標準模型の中のことでしたら、どこに何があるのか目をつぶっていてもわかります。読者の皆さんが迷子にならないようにさまざまな工夫をして、丁寧に案内していきます。本書を通じて、今回のＣＥＲＮにおける発見の意義を理解していただき、人類の知のすばらしさを感じていただければ幸いです。

現場の研究者も使っている「たとえ話」で解説

もちろん、四〇名以上のノーベル賞受賞者を含む数多くの物理学者が知恵を振り絞って作り上げたものですから、標準模型は深い内容を持っています。しかもその理論は現代数学の言葉で書かれているので、そのまま伝えても一般の読者には難解かもしれません。

そこで本書では、数式を使わずに、ときにはたとえ話も交えながら説明していきます（例外として、特殊相対論に登場する有名な公式 $E=mc^2$ は登場しますが、この式の意義は知っておく価値があると思うので丁寧にご説明します）。ただし、一般向けだからといって、わかりやすさのために正しさを犠牲にするようなたとえ話をするつもりはありません。

たとえば、ヒッグス粒子が発見された直後には、それが素粒子に質量を与える仕組みを水飴にたとえる説明が見られました。しかし実のところ、素粒子の研究者の中にヒッグス粒子に水飴のイメージを持っている人はいません。ヒッグス粒子によって電子やクォークに質量が生じる仕組みは「水飴がまとわりつく」のとはまったく違います。わかったつもりにさせる上では手っ取り早い説明ですが、残念ながらヒッグス粒子の仕組みを正しく伝えるものではないのです。

ヒッグス粒子を予言したエジンバラ大学のピーター・ヒッグスも、「私は水飴による説明を持ち出されるのが本当に嫌いです」と語っています。

しかし、たとえ話がすべて間違っているわけではありません。私たちが研究者同士で議論するときにもたとえ話を使うことがあります。

黒板や紙に数式を書きながら「ああでもない、こうでもない」と話すことも多いのですが、そればかりではありません。たとえば量子力学の創設者の一人であるベルナー・ハイゼンベルクの自伝『部分と全体』(みすず書房)を読むと、師匠筋のニールス・ボーアと長い散歩に出かけて議論する場面がよく出てきます。私もしばしば共同研究者と手ぶらで歩きながら話をしますが、そういうときは理論の数学的な内容をたとえ話で語り合うことがよくあります。

一人で考えるときも、常に数式を書くわけではありません。私の場合には数学的な式で表現される内容に視覚的なイメージを持っているので、机に向かって計算を始める前にまずそのイメージを頭の中で操作しながら理論を組み立てるのが日常です。おそらく小説家も頭の中でイメージを固めてから文章にすることが多いと思いますが、それと同じようにイメージがある程度まとまったところでそれを数式で表現する。そういう研究者は多いだろうと思います。

こういうときに研究者が使うたとえ話や視覚的イメージは、理論の本質を捉えたものです。一般向けに用意された説明と違い、数式に翻訳される前の考え方を正しく反映しています。ですから本書では、現場の研究者が実際に使っているたとえやイメージしか使わないことにします。その分、読者の皆さんにとってはやや歯ごたえのある中身になるかもしれませんが、それが理解できたときには、より深くより豊かな知的経験を味わえるはずです。やさしくても本格的な説明を目指したいと思います。

真犯人をとりまく人物相関図を描いてみた

アインシュタインとその助手のレオポルト・インフェルトの名著『物理学はいかに創られたか』（岩波新書）では、科学者を「自然という推理小説」の読者にたとえています。

推理小説では、複雑な人間関係を見失わないように、しばしば巻頭に人物相関図が掲げられています。本書でも、ヒッグス粒子という「真犯人」にたどり着くまでに、さまざまな粒子たちが登場するので、読者の参考のために「粒子相関図」を描いてみました。縦の線でつながる上下関係では、下の粒子がすぐ上の粒子の構成要素となっています。また横向きの波線は粒子の間の力を表現し、楕円の囲みの中にその力を伝える粒子の名前を書きました。ヒッグス粒子だけは、相関図から外れたところに書かれていますが、これが他の粒子とどのような関係にあるかについては、本書で説明していきます。

また、本書では標準模型にいたる素粒子物理学の発展を、研究者の苦闘の跡を追いながら解説していきますので、我々がどの時代にいるかがわかるように、「素粒子物理学年表」を添えました。素粒子物理学のすべての発展を網羅したものではなく、主として本書の筋に関係のある出来事を拾ったものです。

この粒子相関図と素粒子物理学年表を参照しながら、本書を読み進められると理解の助けになると思います。

粒子相関図

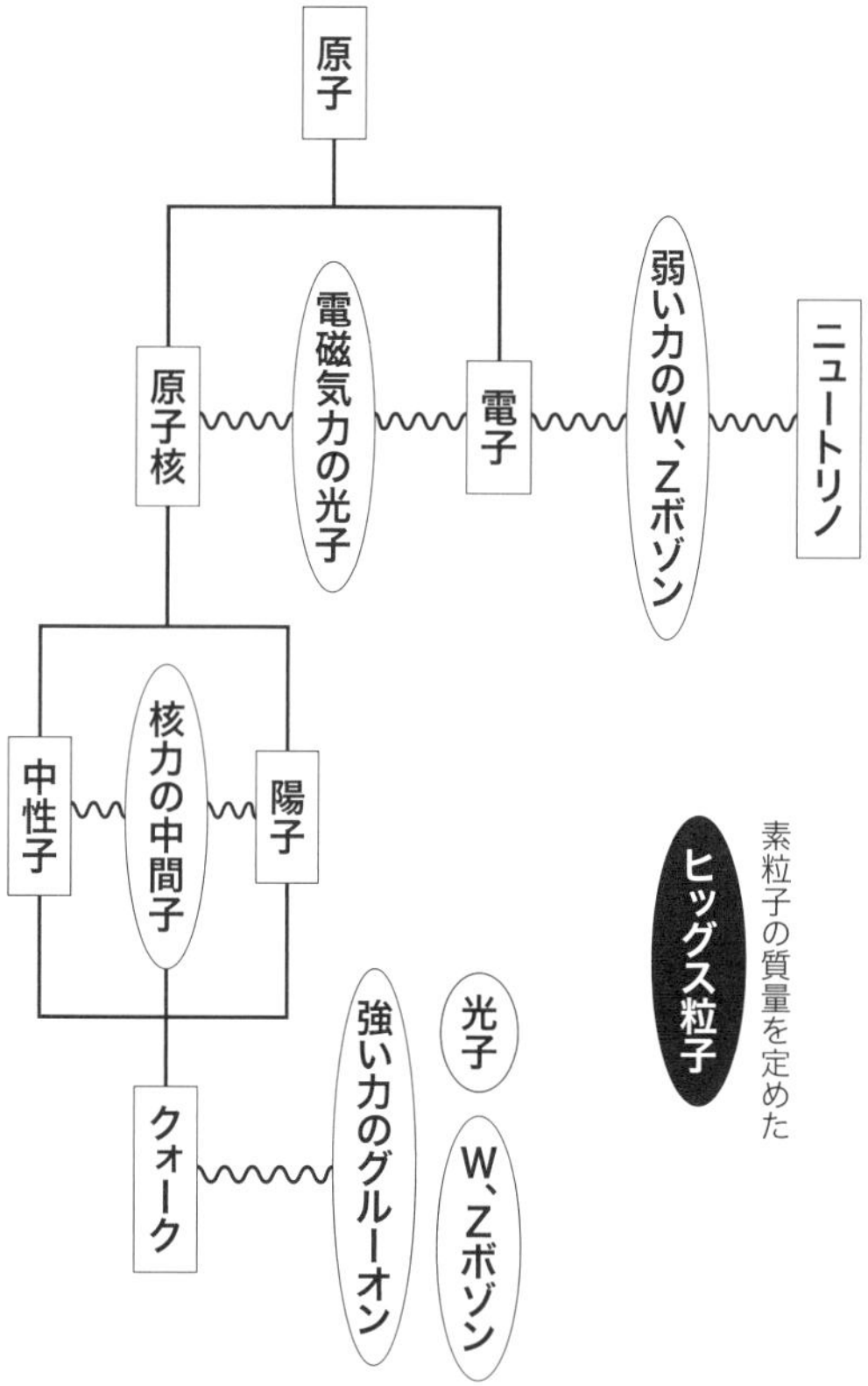

原子
原子核
電磁気力の光子
電子
弱い力のW、Zボゾン
ニュートリノ
中性子
核力の中間子
陽子
クォーク
強い力のグルーオン
光子
W、Zボゾン
ヒッグス粒子
素粒子の質量を定めた

素粒子物理学年表

【素粒子物理学前史】

一九〇〇　**プランク**、光の最小単位である光子を提唱。
一九〇五　**アインシュタイン**、光子によって光電効果を説明。
　　　　特殊相対論を発表。
一九〇九　**ラザフォード**ら、原子核を発見。
一九一一　**オネス**、超伝導現象を発見。
一九一三　**ボーア**、暫定的な量子論によって原子構造を説明。
一九一五　**アインシュタイン**、一般相対論を完成。
一九二四　**パウリ**、電子の排他原理を提唱。
一九二五　**ハイゼンベルク**、量子力学の基礎理論を発表。
一九二六　**シュレディンガー**、量子力学の波動方程式を発表。

【素粒子物理学の黎明期】

一九二八　**ディラック**、陽電子を予言。
一九三〇　**パウリ**、ニュートリノを予言。
一九三二　**アンダーソン**、陽電子を発見。
　　　　チャドウィック、中性子を発見。
　　　　コッククロフトと**ウォルトン**、原子核の人工破壊に成功。
一九三四　**フェルミ**、弱い力の理論を発表。
　　　　湯川、核力の中間子を予言。
一九四七　**パウエル**、湯川の中間子を発見。
一九四八　**ファインマン**、**シュウィンガー**、**朝永**のくりこみ理論が完成。

【素粒子の大豊作と混乱の時代】

一九五四　CERN設立
　　　　バークレイでベバトロン運転開始。
　　　　ヤン-ミルズ理論の提唱。
一九五五　**セグレ**と**チェンバレン**、反陽子を発見。

一九五六　**リー**と**ヤン**、弱い力によるパリティの破れを予言。
ライネスとカワン、ニュートリノを発見。

【対称性の自発的破れ】

一九五七　**バーディーン**、**クーパー**、**シュリーファー**、超伝導理論を発表。

一九六〇　**南部**、対称性の自発的破れの理論を発表。

一九六四　**ゲルマン**、クォーク模型を発表。
ヒッグス粒子の予言。

一九六七　**ワインバーグ**、弱い力と電磁気力の統一模型を発表（**サラム**は翌年発表）。
米国のフェルミ国立加速器研究所設立。

【標準模型の確立】

一九六九　**フリードマン**、**ケンダル**、**テイラー**、陽子の内部にパートンを発見。

一九七一　**トフーフト**と**ベルトマン**、ヤン-ミルズ理論のくりこみに成功。

一九七三　日本のKEK設立。
グロス、**ウィルチェック**、**ポリッツァー**、強い力の漸近自由性を発表。
小林と**益川**、CP破れの理論を発表。

【標準模型の実験的検証】

一九七四　SLACの**リヒター**らとブルックヘブンの**ティン**らがチャームクォークを発見。

一九八三　**ルビア**と**バンデルメア**らにより、CERNでWとZボソンを発見。

一九九五　テバトロンでトップクォークを発見。

一九九八　神岡宇宙素粒子研究施設でニュートリノの質量を確認。

二〇〇一　KEKとSLACで小林-益川理論を検証。

二〇一二　CERNのLHC実験でヒッグス粒子と思われる新粒子を発見。

＊ノーベル賞受賞者名は太字にしたが、出来事は本書の内容に沿っているので受賞理由とは限らない。

第一章　質量はどこから生まれるか

近代に入り、「物質は原子でできている」という原子論が確立します。それにより、物質の質量はそれを構成している原子の質量の和であることがわかりました。原子の中では電子が原子核の周りを回っています。この原子核は陽子と中性子に分解され、陽子や中性子はさらにクォークと呼ばれる素粒子に分解されます。ところがこの陽子や中性子の質量は、それを構成しているクォークの質量の和よりもはるかに大きいのです。陽子や中性子の質量は、いったい何が生み出しているのでしょうか？

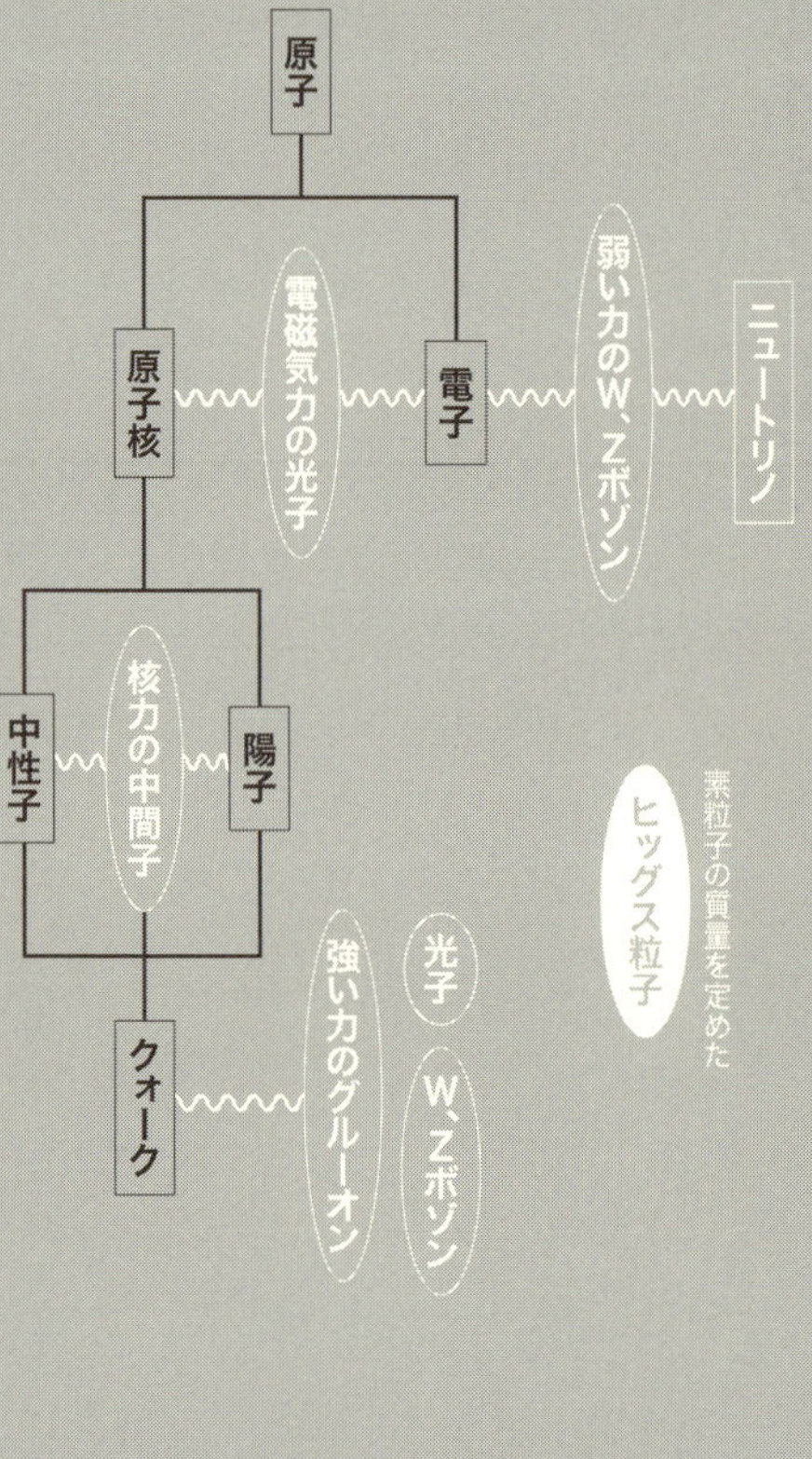

ニュートンの主著は「質量」の定義から始まる

古来「存在とは何か」は哲学における基本的な問題の一つです。もともと哲学と科学の間には区別がありませんでしたから、これが哲学のみならず自然科学の基本問題でもあることは言うまでもありません。

十七世紀に微積分の発見をニュートンと競ったゴットフリート・ライプニッツは、科学者・数学者であると同時に哲学者であり外交官でもありましたが、そんな知の巨人も「なぜこの世界は無ではなく、そこに何かが存在しているのか」と問いました。物質の最小単位とそこに働く力の秘密を探る素粒子物理学は、まさにその問いかけに答えようとする学問だと言えるでしょう。ヒッグス粒子の発見で完成した標準模型は、その問題に対する現時点での解答です。

哲学と自然科学の両面から存在とは何かを追究する一方、人類は存在する物質の量を測る方法を考えてきました。たとえば秦の始皇帝が中国全土を統一した際に、文字の統一とともに行ったのが度量衡の統一です。度量衡の「度」は長さ、「量」は体積、「衡」は重さのこと。それを同じ単位で正しく測ることは、文字の共有と同じくらい重要視されました。それも当然で、物の長さや量がわからなければ、文明社会を営むことはできません。また、存在とは何かという根源的な問題を考える上でも、その存在を定量的に正しく把握する必要があります。

物理学でもさまざまな量を取り扱いますが、その中でも「質量」はきわめて重要な意味を持っています。かのアイザック・ニュートンは、古典力学を確立した主著『プリンキピア（自然哲学の数学的諸原理）』の第一巻の序文で、さまざまな用語を定義しました。その中で最初に取り上げているのが質量です。物理学という学問はこの本から始まったと言っても過言ではありませんが、それが質量の定義から始まっている。ニュートン自身、質量の理解が何よりも重要だと考えていたのでしょう。

質量は、運動の変化と関係する量です。ニュートンによると、質量の大きいものは止まっているときに動かしにくく、動いているときには止めにくくなります。質量が大きいと、速さが変化しにくくなるのです。

このように質量はその物質に固有の量であるのに対して、重さには重力の強さも関係します。地球上と月面上では重力の強さが異なるので、同じ物体でも違う重さになります。

質量と重さの区別は、中学や高校の授業でも習った覚えのある人が多いでしょう。

ところが実際には、質量は地上で測る重さと比例しています。たとえば、ガリレオ・ガリレイは、ピサの斜塔から重さの違う二つの球を落として、それが同時に地面に到着することを示したと言われています。これは実際に行われた実験ではなかったようですが、「重い物体も軽い物体も同じ速度で落下する」ことはその後数多くの精密実験で確かめられています。

重い物体には軽い物体よりも重力が強く働くので、それだけなら先に地面に到着するはずです。その反面、重い物体は軽い物体よりも動かしにくいので、そちらに注目すると地面に着くのが遅くなりそうです。その質量の効果と重さの効果がぴったり相殺して、軽い物体と同時に地面に到達する。これは質量と重さに比例関係があることの証拠と考えられます。

もちろんニュートンもその事実は知っており、『プリンキピア』にも「振り子を使った精密な実験は、質量が重さに比例していることを示している」と書いてあります。しかし、なぜ質量と重さが比例しているのかは説明しませんでした。その問題を解決したのがアインシュタインの一般相対論でした。本書ではこれ以上重力の話はしないので、興味のある方は『重力とは何か』をご参照ください。

質量と重さの比例関係は、最近の実験では一〇兆分の一の精度で検証されています。そこで本書でも質量と重さを同じ意味で使います（たとえば、素粒子が質量を持つようになることを、素粒子が「重くなる」と書いたりします）。

物質の質量とは原子の質量の和

十八世紀後半になると、化学の分野で質量に関する重大な発見がなされました。フランスのアントワーヌ・ラボアジエが、化学反応の前後で物質全体の質量が変わらないことを発見したのです。反応に関わった物質それぞれの質量は変化しても、それを合計した全体の質量は変わらない。これが「質量保存の法則」です。

この発見は原子論の定量的な検証につながりました。原子論とは物質をバラバラにしていくと最後は原子になるという考え方のことです。現在ではその原子も「素」の粒子ではなく、その内部に原子核と電子という構造があり、原子核の内部にも陽子と中性子から成る構造があり、その陽子と中性子もクォークからできている……とわかっていますが、十八世紀後半の時点では、まだ本当に原子が存在するのかすら確証がありませんでした。

物質がすべて原子からできているとすると、物質の質量は「原子の質量×原子の数」となるはずです。正確には水素や炭素や酸素など原子の種類によってその質量が異なるので、各々の種類について「原子の質量×原子の数」を計算して足し合わせたものが物質の質量になります。そこで、化学反応では原子の組み換えが起きるが、原子の数そのものは変化しないとすると、ラボアジエの質量保存の法則を導くことができるのです。

原子が物質の最小単位だとすれば、原子の重さが質量の単位になるはずです。原子ごとに質量が決まっており、物質の質量はそこに含まれている原子の数で決まることになります。この洞察により、原子論を科学の問題として探究することができるようになりました。

ところが、話はそれで終わりませんでした。十九世紀の半ばにロシアの化学者ディミトリ・メンデレーエフが原子の周期律表を作成した頃には、それぞれ質量の異なる原子が六〇種類も見つかっていました。周期律表とは性質の似た原子が周期的に現れることを示したものです。そのため、周期律から未発見の原子の存在を予言することもできます。事実、メンデレーエフは多くの原子の存在を予言し、それは後に次々と発見されました。

ここまで種類が多くなると、本当に原子が物質の基本単位だとは考えにくくなります。たとえば、丸、三角、四角などの簡単な形の積み木が五種類ぐらい転がっていれば、これらは基本的な形であって、それ以上はバラバラにできないと思うでしょう。しかし複雑な形をした積み木が何十種類もあれば、それはより基本的な形の積み木をいくつも積み上げて作られたものだろうと思えてきます。原子も同じで、何十種類もの原子が見つかれば、そこに内部構造があるのではないかと察しがつきます。原子は、もっと小さな基本単位から成り立っているのではないかと疑うのが自然です。

粒子が見つかりすぎてギリシア文字が足りない!

実際、十九世紀の終盤から二十世紀のはじめにかけて、原子に内部構造があることがわかってきました。プラスの電荷を持つ原子核の周りを、マイナスの電荷を持つ電子が回っている。電気の力で、電子と原子核が結びついているわけです。

しかし、原子核は電子に比べて非常に重い。原子核のサイズによって二〇〇〇倍から二〇万倍もあります。そのため、原子の質量はほぼ原子核の質量であると考えてもかまいません。

さらに一九三二年に、原子核が人工的に破壊できるようになると、原子核も「素」の粒子ではないことがわかりました。陽子と中性子と呼ばれる粒子からできていることがわかったのです。したがって、原子の質量の大半は陽子と中性子の質量だと考えていいでしょう。

ミクロの世界への理解がここまで進んだところで、私たちの身の回りにあるほとんどの物質の成り立ちが説明できるようになりました。この物質世界は陽子、中性子、電子という三つの粒子から成り立っており、その粒子の間にさまざまな力が働いているのです。

ところが、素粒子実験に使う加速器の技術が発達すると、陽子や中性子と性質は似ているものの、質量の異なる粒子が次々と見つかりました。加速器では粒子を衝突させて反応を見るのですが、そこに新しい種類の粒子が現れたのです。どれも不安定ですぐに崩壊してしまいますが、存在する以上は無視することはできません。しかも、Σ（シグマ）、Λ（ラムダ）、Ω（オメガ）……などと順番に名前をつけているうちに、ギリシア文字が足りなくなってしまったほど、多くの粒子が発見されました。

メンデレーエフの時代に六〇種類もの原子が見つかったときと同様に、今度はたくさんの粒子が見つかってしまった。こんなにたくさんの粒子は、もはや物質の基本単位だとは思えません。陽子や中性子やその仲間のΣ、Λ、Ω（これらは「バリオン」と総称されます）、また湯

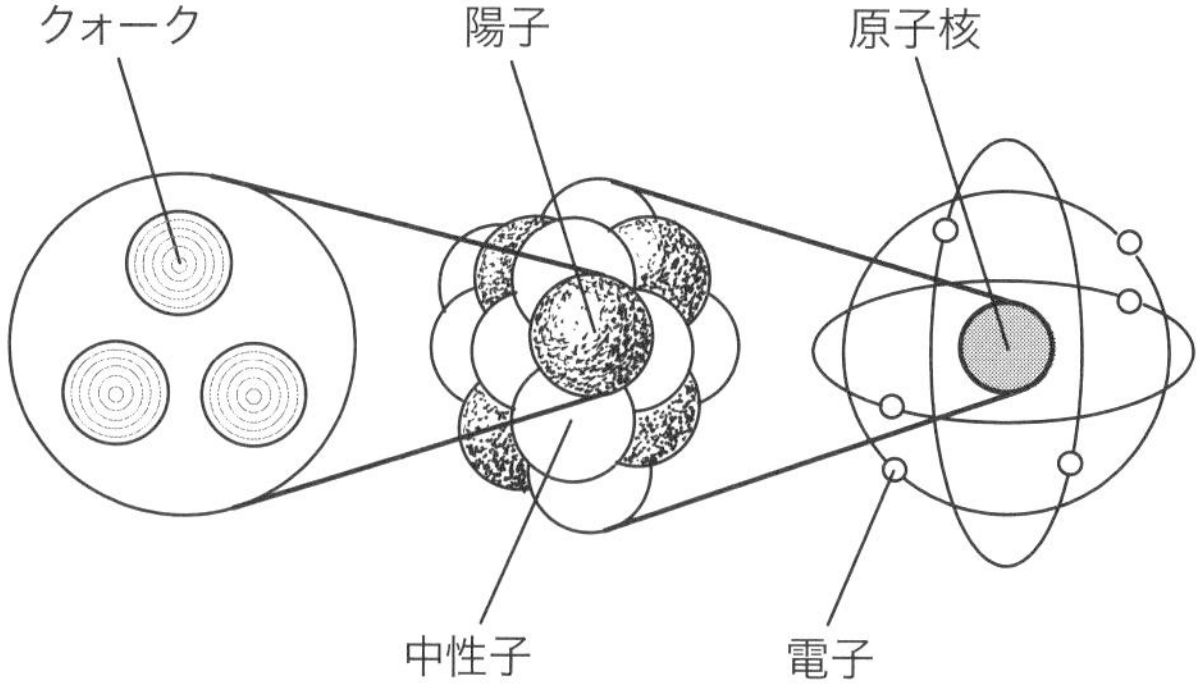

［図3］クォークが三つで陽子や中性子になり、陽子と中性子が原子核を構成し、原子核と電子が結びついて原子になる。では、物質の質量はクォークと電子で説明できるのか。

川秀樹の予言したパイ中間子（後述）やその仲間のη、ρ、ϕ（エータ、ロー、プサイ。これらは「中間子」と総称されます）も積み木細工のようなもので、そこには内部構造がありそうです。バリオンと中間子のように、内部構造がありそうな粒子は「ハドロン」と呼ばれるようになりました。

陽子・中性子の質量はクォークの質量の和……ではなかった

ハドロンの内部構造を明らかにする理論を打ち立てたのは、マレー・ゲルマンという理論物理学者です。彼は、ハドロンがより基本的な粒子からできていると考えました（このアイデアが得られた経緯については、第三章でお話しします）。陽子や中性子などのバリオンは三つの、パイ中間子やη、ρ、ϕなどは二つの粒子からできていると考え、それらの基本粒子を「クォーク」と名付けました。その存在は実験でも裏付けられ、現在はこのクォークこそが「素」の粒子だと考えられています。クォークが三つで陽子や中性子になり、その陽子と中性子が原子核を構成し、その原子核と電子が結びついて原子になっている(図3)。ならば原子の質量は、クォークと電子の質量を合計したものになりそうです。

ところが、実際にはそうではありませんでした。「はじめに」でも少し触れましたが、陽子や中性子の質量のうちで、クォークの質量の占める部分はたった一パーセントにすぎません。では、残りの九九パーセントの質量はどこから生じるのか。原子を構成する素粒子の質量以外に、どこからそれほど大きな質量が与えられるのでしょう。

それを理解する上でカギになるのが、有名な公式「$E=mc^2$」です。アインシュタインは一九〇五年六月に特殊相対論の論文を発表しましたが、その三カ月後に書いた補遺の中で、この式を導き出しました。エネルギー(E)は、質量(m)と光速の二乗(c^2)の積に等しい。つまり、質量とエネルギーの間に比例関係があるというのです。

エネルギーと質量が本質的に同じであることを示した点で、この式は実に画期的かつ衝撃的でした。しかも光速(c)は秒速三〇万キロメートルという大きな値ですから、わずかな質量から莫大なエネルギーが生まれることを表しています。もし一グラムの一円玉をすべて電気エネルギーに転換できたら、八万世帯の一カ月分の消費電力を賄うことができるでしょう。

原子爆弾や原子力発電所が、少しの燃料から莫大なエネルギーを生み出すことができるのも、この式のためです。ちなみに広島に落とされた原子爆弾には六四キログラムのウランが詰められており、実際に核分裂反応を起こしたのはそのうちの約一キログラムと推定されています。その質量のわずか〇・六グラムほどがエネルギーに転化したことで、TNT火薬にして一万五〇〇〇トンに相当する大爆発が起きたのです。

このアインシュタインの発見によって、ラボアジエの質量保存の法則は変更を迫られました。質量がエネルギーに転換する以上、質量とエネルギーは別々に保存する量ではなかった。ある現象の前後では、質量ではなく、質量とエネルギーを合計した量が保存されるのです。

たとえば物質の質量も、厳密に言うと「原子の質量×原子の数」ではありません。原子と原子を結びつける電磁気力のエネルギーも計算に入れる必要があります。しかしそれは無視できるほど小さいので、ラボアジエの実験では観測されませんでした。そのため化学反応の前後で質量が保存されると結論されたわけです。

物質の質量の九九パーセントは「強い力」のエネルギー

同様に、原子の中で原子核と電子を結びつける電磁気エネルギーは、原子の質量のわずか一億分の一程度しかありません。そのため、原子の質量は、ほぼ原子核の質量と等しいと言えるのです。

そして、この原子核の質量も、そのほとんどが陽子と中性子の質量です。原子核の中で陽子と中性子を強く結びつけているのは、第三章で説明する「核力」です。たしかに、核力のエネルギーは大きい。原子爆弾一個がTNT火薬一万五〇〇〇トンと同じだけの威力があるのも、核力のエネルギーが解放されるからです。それでも、その大きなエネルギーを「$E=mc^2$」で質量に換算すると、原子核の質量の一パーセント程度にしかなりません。そのため、原子核の質量は、それを構成している陽子と中性子の質量の和と思ってよいのです。

このように、私たちの身の回りにある普通の物質の質量は、そのほとんどが陽子と中性子の質量に帰着します。

さらに、この陽子と中性子は、各々三つのクォークからできています。これまでのパターンを踏襲すると、陽子と中性子の質量はクォークの質量から説明できそうな気がします。しかし、お話ししてきたように、クォークの質量を足しても、質量のわずか一パーセントにしかなりません。

では、残りの九九パーセントはいったいどこから来ているのか。それは、クォークを陽子や中性子の中に閉じ込める「強い力」のエネルギーです。

原子と原子、原子核と電子、陽子と中性子を結びつけるエネルギーは、質量に換算すると小

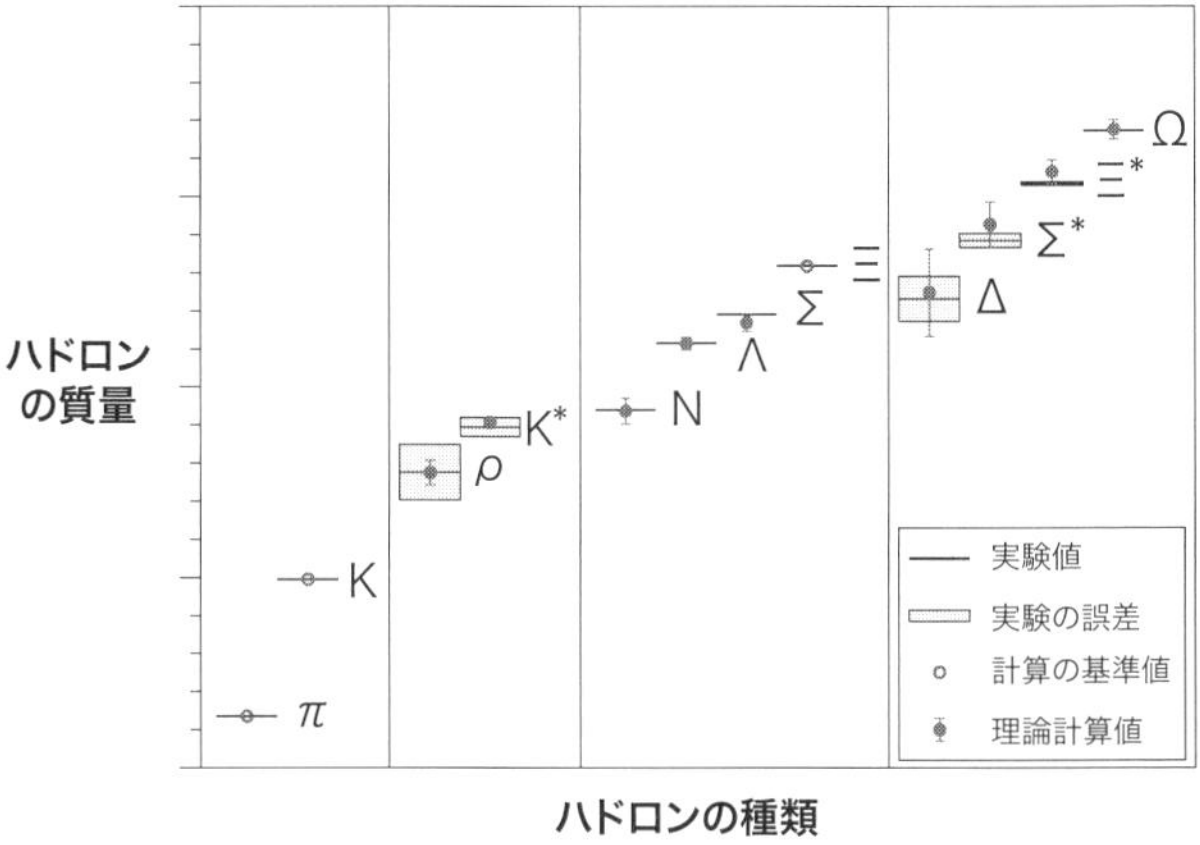

［図4］ハドロンの質量の実験値と、強い力の理論を使った計算値の比較
（S.Durr et al.,Science 322（2008）1224-1227の図3より転載）

さなものです。しかし、クォークの世界になると、そこで働く力は、粒子の質量の九九パーセントを説明できるほどの、大きなエネルギーを生じるのです。強い力の理論は第三章で解説しますが、その理論を使ってスーパーコンピュータで計算したハドロン（バリオンや中間子）の質量は、実験で測定した質量と見事に一致しました（図4）。

陽子や中性子の質量のほとんどがクォークを閉じ込めるエネルギーなのですから、当然、原子そのものの質量も、ひいては、私たちの身の回りの物質の質量のほとんどがこの閉じ込めのエネルギーに由来していることになります。

電子やクォークの質量は、全体の一パーセント程度にしかならない。物質の質量のほとんどは、強い力のエネルギーを「$E=mc^2$」で質量に換算することで説明できるのです。

ヒッグス粒子は「万物の質量の起源」ではない

陽子や中性子、中間子などのハドロンは、クォークからできているので、最も基本的な粒子ではありません。一方、標準模型では、電子は基本粒子と考えられています。そこで本書では、クォークや電子など標準模型の基本粒子を「素粒子」と呼ぶことにし、それ以外はたんに粒子と呼ぶことにします。

さて、標準模型に現れる素粒子の中で質量がないと実験的に確かめられているのは、電磁気の力を伝える光子だけです（光子については、次章で詳しくお話しします）。そして、光子以外のすべての素粒子の質量の起源には、ヒッグス粒子が深く関わっています。ヒッグス粒子が発見されたときに、「万物の質量の起源である」と報道されたのはそのためです。

しかし、これまでお話ししてきたように、素粒子の質量は物質の質量のほんの一部です。陽子や中性子の質量のほとんどは、その間の強い力のエネルギーを起源としており、構成要素であるクォークの質量は一パーセントにすぎません。我々を作っている物質の質量の九九パーセントは、素粒子の質量ではなく、その間に働く力によって説明されているのです。ヒッグス粒子は「万物の質量の起源」と報道されましたが、これはあくまで「素粒子の」という意味であって、「すべての物質の」と捉えると誤解になります。

本章のはじめに、「いったい何が陽子や中性子の質量を生み出しているのか」と問うたとき、「それはヒッグス粒子である」という答えを期待された方もいらっしゃったかもしれません。しかし実は、陽子や中性子の質量の大部分を生み出しているのは強い力で、ヒッグス粒子が関与しているのはその一パーセントでしかなかったのです。

ただし、すべての物質の質量の一パーセントにしかならないとはいえ、素粒子の質量は重要な効果をもたらします。「はじめに」でも書きましたが、もし電子の質量がゼロであったなら原子の半径は無限大になってしまいます。これでは、私たちの世界のさまざまな物質を作っている原子や分子は存在できません。

また、陽子も中性子もそれぞれ三つのクォークからできていますが、構成しているクォークの質量が異なるので、中性子のほうが陽子より少し重い。この質量の違いは原子の安定性のために重要な役割を果たしています。電荷の保存だけを考えると、弱い

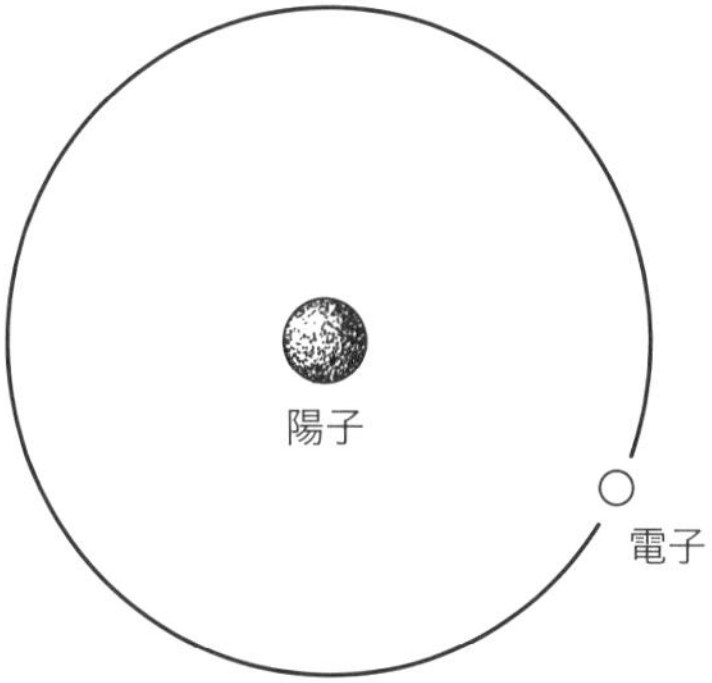

[図5]水素原子は陽子と電子からできている。水素原子が安定しているのは、陽子が中性子より軽いからである。

力によって陽子と電子が結合して中性子になってもよさそうです。しかし、そんなことが起きると大変です。たとえば水素原子の中では、電子が陽子の周りを回っているので、この陽子が電子を吸い込んで中性子になれると、水素原子が不安定になってしまうのです。

幸いなことに、中性子の質量は、陽子と電子の質量の和よりも大きい。つまり、「$E=mc^2$」を使うと、中性子のほうがエネルギーが高いのです。水が高きから低きに流れるように、エネルギーが高い状態（中性子）は簡単に低い状態（陽子と電子）に変化できます。実際、中性子を何もないところに置いておくと、一五分ぐらいで陽子と電子に崩壊します。しかし、その逆に、陽子と電子があっても、それが中性子になるためには余計なエネルギーが必要です。水素原子が中性子になってしまわないのは、中性子が陽子と電子の質量より重いから。突き詰めて言えば、原子の安定性はクォークの質量の違いによって保証されているのです。

しかしその反面、電子やクォークに質量があると困ることもあります。第四章でご説明するように、素粒子が質量を持つと弱い力の働き方と矛盾してしまうのです。もちろん、電子やクォークは現に質量を持っていますし、弱い力も働いています。この矛盾を解消するために考え出されたのがヒッグス粒子の理論なのです。

しかし、その話をするのはもう少し先にしましょう。次の章では、そもそも「力」とは何なのかについてお話ししたいと思います。

第二章

「力」とは何を変える働きなのか

標準模型には何種類もの素粒子が含まれています。これらの素粒子のそれぞれに、「場」というものがあります。「場」の説明を省略すると、ヒッグス粒子の仕組みについての解説がわかりにくくなります。本章では、素粒子の間に働く力を通じて「場」の概念を理解して、第三章から展開する標準模型の解説の予習をしましょう。

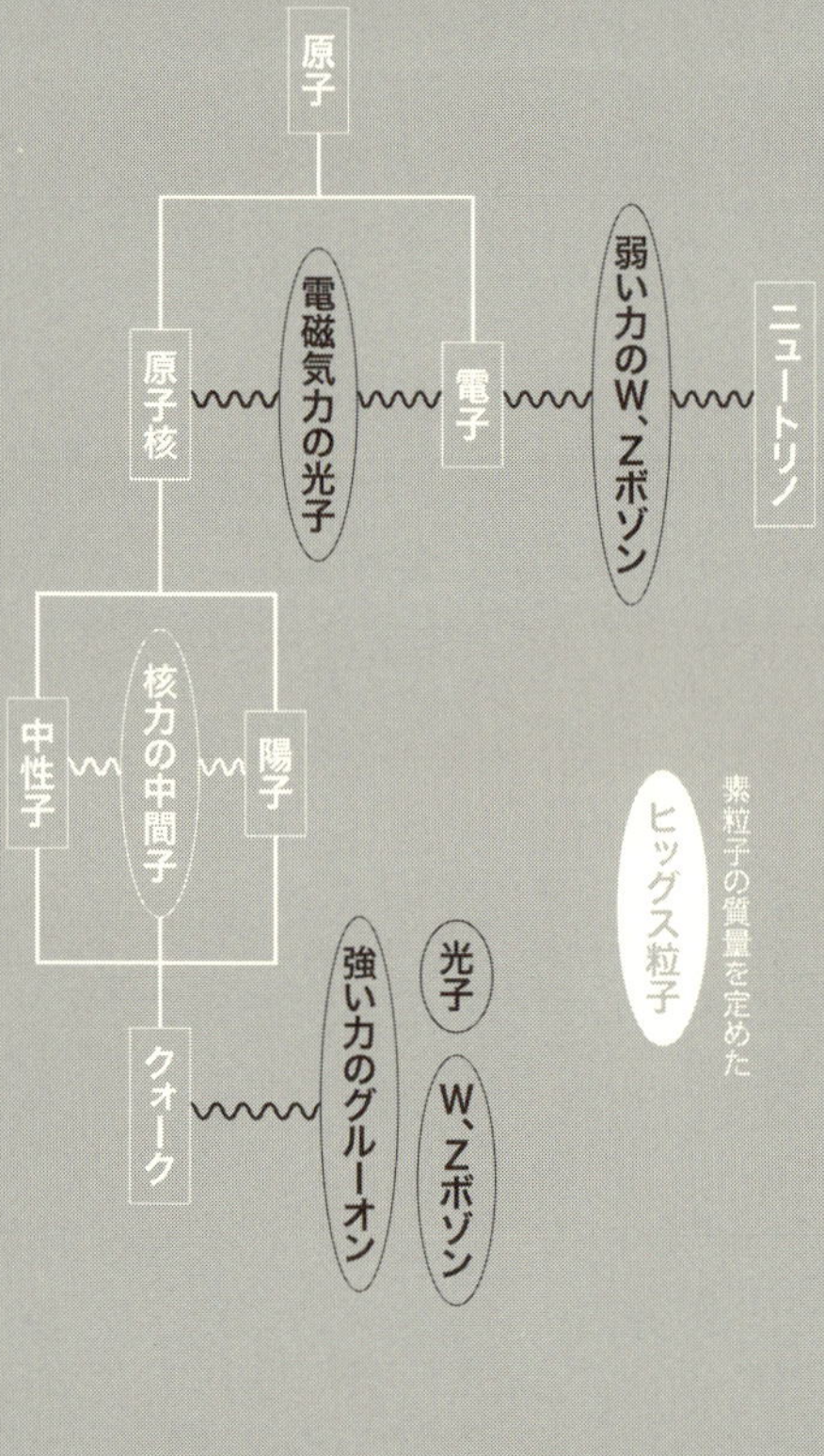

運動の状態を変える、粒子の種類も変える

物理学とは、物質とその間の力を解明することで、自然現象を理解しようとする科学です。前章では物質の構成要素である素粒子について考えました。では、その物質の間に働く力とは何でしょうか。

ニュートンの力学では、力とは「運動の状態を変えるもの」でした。力が働かなければ、物体は同じ状態で運動を続けます。力が働かないと、止まっているものは止まったままです。また、動いているのなら同じ方向に同じ速さで移動を続ける。ところがそこに力が加わると、運動の向きや速さが変化します。

そこで重要になるのが、前章でお話しした質量の考え方です。ヒッグス粒子が素粒子に質量を与える様子を解説するときに、「質量」と「摩擦」を混同しているような報道をよく見かけましたので、この二つの違いを押さえておきましょう。

前章で説明したように、質量とは「運動の変化のしにくさ」のことです。加わる力の大きさが同じなら、質量が小さいほど運動は大きく変化し、質量が大きいほど変化は小さくなります。ここで、運動の変化には、速度が速くなる場合も遅くなる場合もあることに注意してください。質量が大きいと、止まっているものは動かしにくいですが、逆にすでに動いているものは止めにくくなるのです。

この点で、質量は摩擦や抵抗とは異なります。摩擦があると、止まっているものを動かしにくいのは質量の効果と似ていますが、動いているものに摩擦が働くと止まってしまうのは、質量の効果（動いているものは動き続ける）とは正反対です。

さて、物理学の研究が進むにつれ、運動の状態を変えるだけが力の働きではないことがわかってきました。重力と電磁気力は運動の変化だけで理解できますが、強い力と弱い力には別の働きがあります。たとえば、「はじめに」でお話ししたセシウム１３７からのベータ線の放射は、弱い力によって中性子が陽子に変化することに伴う現象でした。つまりそこには、粒子の運動だけでなく「種類」を変える働きもあるのです。

粒子の種類を変える働きを「力」という言葉で表現するとは、意外に思われるかもしれません。ボールを投げたり、リヤカーを引っ張ったりすることを考えれば、「力を加えれば運動の状態が変化する」のは誰でも直感的に理解できるでしょう。しかし私たちがいくら腕に力を込めても、触った物体の種類が変わることはありません。

もっとも、「はじめに」にも書きましたように、私たちは日常の言葉遣いで、「芸術の力」のように広い意味でなんらかの状態を変化させるものも力と呼んでいます。物理学でも、運動の状態に限らず、粒子の種類を変えてしまう働きも力に含めて考えるのです。

磁石の周りの砂鉄、天気図……「場」とは何か

では、力はどのようにして物質の間で働くのでしょう。

私たちがボールを投げたり、リヤカーを引っ張ったりするとき、その力が物体に対して働くことには特に不思議を感じません。物体に触れて力を直接加えれば、物体が動くのは当たり前だと感じます。

しかし、重力や電磁気力はどうでしょうか。地球がリンゴを引っ張る力も、磁石がお互いを引き寄せたり遠ざけたりする力も、物体同士が直接触れ合うことなしに伝わります。このように離れていても伝わる力のことを「遠隔力」と呼びます。遠隔力の仕組みは古代ギリシアの時代から大きな謎でした。

十九世紀になると、電磁気力については、遠隔力の仕組みを説明する理論が確立します。それが、マクスウェルの電磁気学です。磁気や電気が離れたところに伝わることを、マクスウェルは「場」という概念で説明しました。私たちの暮らす空間には「電磁場」と名付けられた場があり、それによって電磁気力が伝わるのです。

いったい場とは何でしょうか。一言で言えば、それは「場所ごとに値が決まるもの」のことです。たとえば小学校の理科の時間に、磁石を置いた紙の上に砂鉄を撒く実験をしたことのある人は多いでしょう。このときに砂鉄が描く模様を見れば、磁石の周囲に生じた磁力線の形が

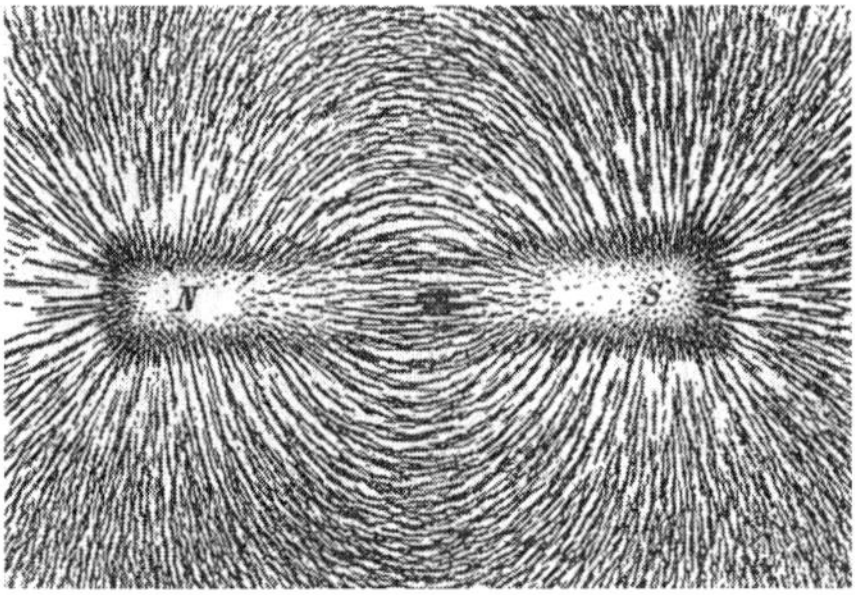

[図6]磁石の周りに砂鉄を撒くと、場所ごとの磁力線の方向や強さがわかる。

わかります(図6)。そこでは、場所によって磁気の働く方向や大きさが決まっている。磁気に関係する量が場所ごとに決まっているので、これを場として、「磁場」と呼ぶのです(大きさとともに、向きも磁場の「値」に含めて考えます)。

もしあなたが今、机の電気スタンドの下でこの本を読んでいるとすれば、照明のスイッチを入れると光が放たれるでしょう。マクスウェルの理論によると、光とは電磁場の波、すなわち電磁波の一種です。目に見える光も、電子レンジのマイクロ波も、原子核から放出されるガンマ線も、すべて電磁波です。波長が違うだけです。

ですから、照明のスイッチを入れることは電磁場に波を起こすことだとも言えます。照明器具の近くは明るく、そこから離れた部屋の隅は暗いといった具合に、電磁場の様子は場所ごとに異なる。私たちの世界には電磁場があって、場所ごとに電磁場が量を持っているのです。

ここで注意しなければいけないのは、磁石を置いたり、照明のスイッチを入れたりすることで、電磁場ができるわけではないということです。電磁気の理論では、宇宙開闢のときから現在にいたるまで、私たちの世界のすみずみに電磁場が存在していると考えます。磁石を置いたり、照明のスイッチを入れなければ、電磁場はゼロの値をとっているかもしれません。しかし、これは電磁場自体がないわけではありません。電磁場はあるものの、その値を測ってもゼロだということです。そこに、たとえば磁石を置くと、磁場の状態が変化して、図6にあるように場所ごとに異なる値を取るのです。

場所ごとに値が決まるものを場と呼ぶのですから、電磁場だけが場ではありません。たとえば天気図を見ると場所ごとに異なる気圧の配置を等圧線で表現しています。場所ごとに気圧の値が決まっているという意味で、あれは気圧の場を可視化したものなのです。

ちなみに、電磁気力に電磁場があるのと同じように、重力にもそれを伝える重力場があると考えられています。何もなかった場所に質量のある物質を置くと、（磁石を置いたときに周囲の磁場が変わるのと同じように）周囲の重力場の状態が変わり、それが物体の運動に影響を与える。その強さは場所によって異なり、たとえば太陽の重力は太陽から離れれば離れるほど弱くなります。

「光は波でもあり粒でもある」とはどういうこと？

現代物理学にとって、場の考え方は中心的な役割をしています。素粒子の標準模型では、電磁気力の背景にある電磁場だけでなく、クォークや電子などの粒子についても、各々「クォーク場」や「電子場」という場があると考えます。

ヒッグス粒子の説明にも、場の考え方が欠かせません。まずは「ヒッグス場」という場があって、その変化として生じるのがヒッグス粒子なのです。新聞の紙面やテレビ番組の放送時間の都合上、そこまで説明する余裕がないのでしょうが、ヒッグス粒子の解説が奇妙なものになりがちなのは、場の話を端折ってしまうからではないかと思います。幸い本書では、担当の編集者から十分にページ数をいただきましたので、丁寧に説明していきます。

ここまでの話では、なぜ場と粒子に関係があるのかわからないでしょう。マクスウェルの理論によれば、電磁場で生じるのは電磁波という波でした。場から波が生じるのであれば、ヒッグス場から生じるのも「ヒッグス波」になりそうです。

しかしマクスウェルの電磁気学が確立した後、物理学の世界では大きな発見がありました。電磁場の波である光には、粒子としての性質もあることがわかったのです。

波というときには、何か「連続的」に変化する量があると考えます。たとえば、海の波では、海面の高さが連続的に変化します。

これに対して、粒子は、一粒、二粒、三粒と数えることができます。このように一、二、三……、と数えられるもののことを、「離散的」といいます。

光の強さは連続的に変化する量なのか。それとも一粒、二粒と数えることができる離散的なものなのか。これは、解決までに何百年もかかった大問題でした。

光（電磁波）に粒の性質があることは、なかなか日常的に実感できません。しかし原子力発電所の事故のため、ガンマ線検出器を個人で所有している方もいらっしゃるでしょう。放射性物質のある場所に行くと、検出器は「カツ、カツ、カツ」と音を立てます。あれは、ガンマ線の粒が一つ一つ検出器に入ったときの音。つまり、光の粒を一粒、二粒と離散的に数えているのです。もし電磁波が粒からできているのではなく、波の性質しか持っていなければ、「ザーッ」という連続的な音に強弱がつくだけでしょう。そうならないのは電磁波が粒の性質を持っている証拠です。

光が「波か粒か」という論争は、はるか昔からありました。十七世紀には、アイザック・ニュートンが「光は粒だ」と主張したのに対し、オランダのクリスティアーン・ホイヘンスは「光は波だ」と主張しました。その後、光に波の性質があることを裏付ける実験が行われ、さらに「電磁波の正体は光である」というマクスウェルの予言が証明されました。電磁「波」というように、電場と磁場のゆれが波のようにして伝わっていくのです。そこで、いったんは「光は波である」という結論に落ち着いたかのように思われました。

ところが一九〇〇年になると、ドイツのマックス・プランクが、光のエネルギーは連続的に変化するのではなく、とびとびに、つまり離散的に変化する証拠を見つけました。プランクは、この業績により一九一八年にノーベル賞を受賞し、「量子論の父」と呼ばれています。

「量子」とは、ある量の最小単位という意味です。光のエネルギーに最小単位(=量子)があると、連続的に増減することはできない。エネルギーの変化は離散的になる。これが、「光には粒子としての性質がある」ということの意味です。

溶鉱炉で熱せられた鉄が発する光を測定すると、温度が高くなるほど波長が短くなります。温度が低い鉄は赤く光りますが、温度を上げていくと鉄の色が青白くなっていく。工場見学などでご覧になった方もいらっしゃるかと思いますが、この現象がプランクの量子論のきっかけになりました。熱せられた鉄の温度を知ることは製鉄業にとって大切なので、産業革命の真っ只中にあったドイツでは、物理学者たちが光の色から温度を測る方法に取り組みました。しかし、光のエネルギーが連続的に変化するとして計算をしてみると、この現象が説明できない。こんな単純な問題が解けないのかと、十九世紀の後半には物理学界で大問題になりました。

プランクはこの問題を解決するアイデアを提案します。光のエネルギーを波長ごとに分けて測ることをスペクトル分解といいます。このときに、波長ごとにエネルギーの最小の単位があって、光のエネルギーはその整数倍の値しか取れないというのがプランクの量子論でした。鉄を熱すると何色の光が放たれるのかという、身近な問題が量子論の始まりだったのです。

さらに一九〇五年には、アインシュタインが、プランクの量子論を使って「光電効果」の謎を解決します。金属の表面に波長の短い光を当てると電子が飛び出てきますが、奇妙なことに、波長が長い光はどれだけ強くしても電子が出てきません。この現象は、光が波だとすると説明がつきません。

アインシュタインは、量子論を使うとこれが説明できることに気がつきました。光は粒であって、そのエネルギーには最小単位があり、それを単位として一、二、三……、と数えられるのであれば、光電効果の仕組みがわかるのです。こうした研究の結果、光には波と粒の両方の性質があることが明らかになりました。アインシュタインは一九二一年にノーベル賞を受賞しますが、その対象となったのは、一般相対論ではなく、この光電効果の説明でした。

プランクやアインシュタインが考えた光の粒子は、「光子」と名付けられました。

波としての光には波長があり、たとえば可視光線の場合は波長によって赤や青などの色が決まります。プランクやアインシュタインによると、光子の一粒一粒が持つエネルギーは光の波長で決まります。光の波長が短いほど光子のエネルギーは大きいのです。

また、光は波長ごとに強さを変えることができますが、この光の強さは光子の数で決まります。たとえば同じ赤色に見える（つまり波長が同じ）光でも、光子の数が多いほど強くなります。光子の数で決まるので強さを連続的に変えることはできません。光の強さは光子の数によって一、二、三……、と離散的に変化するのです。

私たちが日常目で見ることができる可視光は、光子一つ一つのエネルギーが小さく、たとえば電気スタンドが発する光には膨大な数の光子が含まれています。そのために、可視光のエネルギーはほぼ連続的に変えることができるように感じます。光子の数が多いときには、光に波としての性質が現れるのです。

これに対しガンマ線の場合は、光子一つあたりのエネルギーが非常に大きい。先ほどガンマ線検出器を放射線のあるところに持っていくと、「カツ、カツ、カツ」という音がするという話をしました。このガンマ線の光子一つ一つが、私たちの体の中にあるDNAの結合エネルギーの一〇万倍のエネルギーを持っているのです。そのため、人がそこに行って測定しても健康に問題が起きない程度の弱いガンマ線では光子の数が少ないので、検出器で測ると「カツ、カツ」と光子一つ一つが入る音が別々に聞こえるのです。光子の数の多い光は連続的な波のように振舞いますが、光子の数が少なくなると離散的な性質が明らかになるのです。

このように、電磁場が変化して起きる電磁波は、光子と呼ばれる粒子が飛び交ったものと考えることができます。より一般的に、電磁場の変化は、どれも光子の集まりが起こす現象であると言えるのです。このように、連続的に変化すると思っていたものに、最小の単位があるというのが量子論の基本的な考え方です。

物質をつくる「フェルミオン」、力を伝える「ボゾン」

電子のように電荷を持つ粒子は、その周りの電磁場を変化させる。この電磁場の変化が、遠くの粒子の運動に影響をおよぼす。電磁気力は、このようにして離れたところにまで伝わります。電磁場を介して力が伝わるのです。

電磁場の変化の一番小さな単位は光子なので、電磁場が力を伝えるということは、光子が行ったり来たりして力を伝えることだと言うこともできます。

場の変化の最小単位としての粒子があるのは、電磁場にかぎったことではありません。力を伝える場には、すべて粒子があります。

標準模型の強い力と弱い力にもそれを伝える場があり、その各々に粒子があります。たとえば、強い力の粒子はグルーオン。また、弱い力の粒子はWボゾンとZボゾンと呼ばれています。強い力や弱い力は、これらの粒子が行き来して伝える。このように、力を伝える粒子のことを「ボゾン」と総称します。

それに対して、電子やクォークのように物質の直接の構成要素となっている粒子は「フェルミオン」と呼ばれています。

フェルミオンとは、「一つの状態には、一つの粒子があるか、それとも粒子がないか、どちらかしかありえない」という性質を持つ粒子のことです。

このフェルミオンの性質は、同じ空間に二つ以上の積み木を詰め込めないのと同じことなので、物質として当たり前の特徴と言えるでしょう。実はこの当たり前とも思える性質が、原子のあり方に重要な影響を与えています。

原子は原子核とその周りの軌道を回る電子で構成されます。第四章で詳しく説明しますが、エネルギーのレベルに応じて何段階かの軌道があり、それぞれの軌道上の電子には、二つの異なる状態が考えられます。電子はフェルミオンなので、一つの状態には一個の電子しか入らない。そのため、各軌道の定員は電子二個となります。電子が三個あると、そのうちの一個は押し出されて別の軌道に入らなければならないのです。

二十世紀のはじめにプランクやアインシュタインが発想した量子論は、その後の発展を経て、一九二五年にハイゼンベルクが完成し、量子力学と呼ばれるようになります（物理学の理論は、完成すると「論」から「力学」に出世します）。その友人のボルフガング・パウリは、ハイゼンベルクの方程式を直ちに原子の中の電子の運動に当てはめ、メンデレーエフの周期律表を見事に説明しました。それ以前にもボーアによる暫定的な説明はありましたが、パウリはハイゼンベルクの基礎方程式からこれを導いたのです。

パウリの計算によると、エネルギーの一番低い電子軌道は一種類だけ、二番目に低い軌道は

H																	He
Li	Be											B	C	N	O	F	Ne
Na	Mg											Al	Si	P	S	Cl	Ar
K	Ca	Sc	Ti	V	Cr	Mn	Fe	Co	Ni	Cu	Zn	Ga	Ge	As	Se	Br	Kr
Rb	Sr	Y	Zr	Nb	Mo	Tc	Ru	Rh	Pd	Ag	Cd	In	Sn	Sb	Te	I	Xe
Cs	Ba	※1	Hf	Ta	W	Re	Os	Ir	Pt	Au	Hg	Tl	Pb	Bi	Po	At	Rn
Fr	Ra	※2															

※1 ランタノイド	La	Ce	Pr	Nd	Pm	Sm	Eu	Gd	Tb	Dy	Ho	Er	Tm	Yb	Lu
※2 アクチノイド	Ac	Th	Pa	U	Np	Pu	Am	Cm	Bk	Cf	Es	Fm	Md	No	Lr

[図7] メンデレーエフの周期律表は、電子がフェルミオンであることによって説明された。

四種類あることがわかります。第四章で説明するように、各々の軌道には二種類の状態があるので、エネルギーの一番低い状態には電子は一×二＝二個、二番目に低い状態には四×二＝八個の電子が入れることになります。

これを使うと、原子の周期律表を導くことができます。水素原子（H）には電子が一個、ヘリウム原子（He）には二個あるので、これらの電子はエネルギーの一番低い軌道に入ることができます。これが周期律表の一段目に当たります。リチウム（Li）は電子を三個持っているので、そのうちの一個はエネルギーの次の段の軌道に入らなければなりません。そこで、周期律表の二段目はリチウムから始まり、これが電子が一〇個あるネオン（Ne）まで続きます。エネルギーが二番目に低い状態は八個あるので、ネオンまで来るとすべて埋まってしまい、その次のナトリウム（Na）からは周期律表の三段目が始まることになります。

つまり、周期律表の段は、原子の中の電子の占めている軌道のエネルギーで決まっていたのです。周期律表はメンデレーエフが原子の性質を整理して発見したものですが、電子がフェルミオンであることを使うと、このように基本原理から導くことができるのです。

もし電子がフェルミオンではなかったとしたら、同じ状態にいくらでも詰め込めるのですから、すべての電子を一番エネルギーの低い軌道に入れたほうが安定なはずです。その場合、原子の性質は、現在のような周期性を持たなかったでしょう。「周期」律表ではなく、改行のない一直線の表になったはずです。

一方、力を伝えるボゾンのほうは、同じ状態に何個の粒子でも存在できるという性質を持っています。同じ形をした積み木を同じ空間に何個でも重ねて置けるようなものですから、ちょっと不思議な気がするでしょう。しかし、この性質はボゾンが力を伝えるために重要なのです。

たとえば、電磁気の力の強さは、それを伝える光子の数で決まります。ですから、力に「強弱」をつけることができるためには、ボゾンの数を「増減」できるようになっていないといけません。ボゾンの数が多いほど力が強くなり、少なくなると力が弱くなる。一つの状態に、いくつでもボゾンが存在できるようになっているので、力の強さが変えられるのです。

各章のトビラの裏に掲げた「素粒子相関図」では、ボゾンは楕円で、フェルミオンは長方形で囲みました。ボゾンはいくらでも詰め込めるのでやわらかいイメージ、フェルミオンは固いイメージだからです。

余談ですが、十三世紀の神学者・哲学者であるトーマス・アクィナスは「針の上で天使は何人踊ることができるか」という問題を論じたと伝えられています（これはアクィナスが代表するスコラ哲学の衒学的な面を批判するための後世の創作とも言われています）。もし、天使がフェルミオンでできていたら一人しか踊れないでしょう。しかし、ボゾンでできていたら何人でも針の上に乗ることができたはずです。

ヒッグス粒子発見は「第五の力」が存在する証拠

ここで少し先回りしてお話ししておくと、のちほど詳しく説明するヒッグス粒子もボゾンの一種です。そして、光子やWボゾンやグルーオンなどの粒子と同様、それを生じさせる「場」があります。それが、電子やクォークなどの素粒子に質量を与えるものとして考えられた「ヒッグス場」にほかなりません。

ヒッグス場が素粒子に質量を与える仕組みについては、これから順番に説明していきます。

ここでは、素粒子の質量にはさまざまな異なる値があることに注意しておきましょう。たとえば、電子の質量はクォークの質量とは異なります。その原因は、ヒッグス場が各々の素粒子におよぼす影響の強さが異なるからです。これは、電子のように電荷を持った粒子が電磁場の中を通るときに受ける力の大きさが、電荷の大小で異なることと似ています。

ヒッグス場と電磁場との類似性を考えると、ヒッグス粒子発見のもう一つの意義に気がつきます。これまで考えられていたボゾンは、電磁気力、強い力、弱い力という三つの力に対応するものでした。また、重力を伝える重力子はまだ確認されていませんが、これもボゾンであると考えられています。

ヒッグス粒子もボゾンであり、質量を持つ粒子の間に力を伝えることを示すことができます。しかしこの力は、三つの力や重力のどれとも異なります。ヒッグス粒子が伝えるのは「質量を与える」ことで粒子の状態を変える「力」です。そういう力が、自然界には存在する。つまりヒッグス粒子の発見は、三つの力と重力に続く「第五の力」が存在することの証拠でもあったのです。

第三章

距離が長くなるほど強くなる

──強い力の奇妙な性質

一九五〇〜六〇年代、加速器の技術が発達したことで、膨大な種類の新粒子が発見され、素粒子論は混乱の時代を迎えます。その救世主となったのがゲルマンのクォーク模型でした。クォークは陽子などの中に閉じ込められて取り出せないはずなのですが、加速器を使って陽子の中をのぞいてみると、自由に動き回っているように見えました。クォークの間に働くこの奇妙な力は、どのように説明できるのでしょうか。

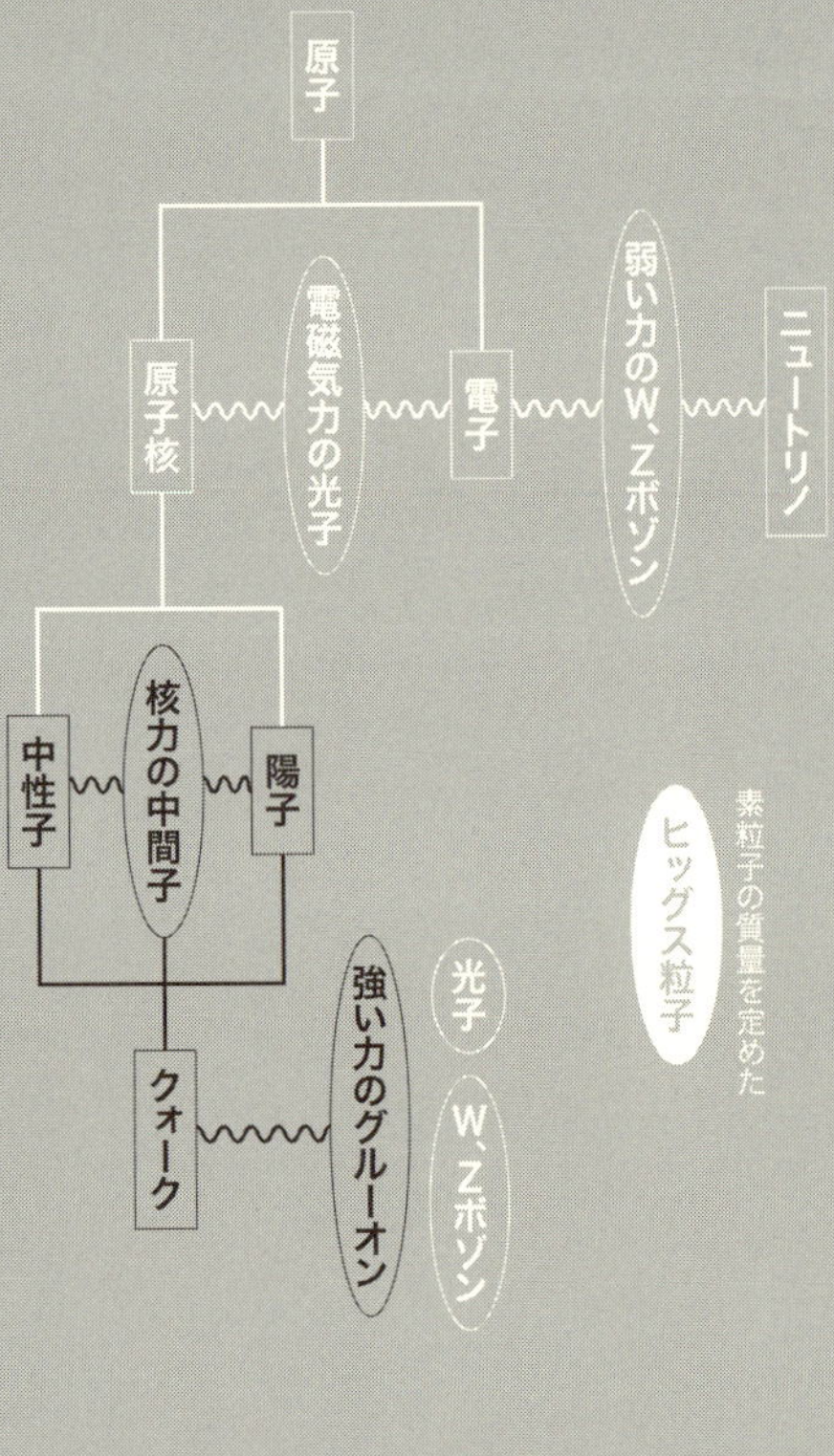

一九三二、物理学の世界を揺るがした二つの大事件

前章までは、質量と力という概念を通じて、素粒子の世界を見てきました。物質の基本的な成り立ちや、その間で働く力のことが、おおまかにイメージできたと思います。そこでここからは、本書のタイトルでもある「強い力と弱い力」について掘り下げていくことにしましょう。

先に取り上げるのは「強い力」です。ヒッグス粒子は「弱い力」に関わるものなので、早くそちらを知りたいと思うかもしれませんが、もう少しお待ちください。弱い力の何がどう不思議なのかは、まず強い力のことを知り、それと比較するとよくわかります。

強い力の研究は、原子核を作る力である核力の問題から始まりました。そのきっかけになったのは、一九三二年に物理学の世界を揺るがした二つの大事件です。

一つは、ケンブリッジ大学のジェームズ・チャドウィックによる中性子の発見です。

ポロニウムと呼ばれる原子の原子核から電気的に中性の放射線が出てくることは、ジョリオ＝キュリー夫妻（マリー・キュリーの娘イレーヌ・キュリーと助手のフレデリック・ジョリオの夫婦）らによって研究されていました。電荷を持たない放射線なので最初は電磁波（ガンマ線）だと思われましたが、それでは説明できない性質がありました。チャドウィックは、この放射線が陽子とほぼ同じ質量を持つ新種の粒子の集まりであることを示し、これを中性子と名付けたのです。

本書ではここまで「原子核は陽子と中性子からできている」と当たり前のように書いてきましたが、当時はまだ電子と陽子という二種類の粒子しか知られていなかったので、これは大発見です。チャドウィックが中性子発見からわずか三年後の一九三五年にノーベル賞を受賞したのも当然のことでしょう。

もう一つの事件は「加速器」の開発によって起こりました。これを作ったのはケンブリッジ大学のジョン・コッククロフトとアーネスト・ウォルトンです。

それまで、粒子を衝突させる実験では、原子核から自然に出てくる放射線を利用していました。たとえば、原子の構造を解明したアーネスト・ラザフォードたちが使ったのは、アルファ線と呼ばれる放射線。それを原子に当ててその跳ね返り方を観測することで、原子核の周りを電子が回っているという原子の内部構造がわかりました。しかし自然の放射線だけでは実験できる範囲に限界があります。ラザフォードは、もっと高いエネルギーで衝突させるために、粒子を人工的に加速することを提唱しました。

そこでコッククロフトとウォルトンは、強い電場によって粒子を加速する方法を考案しました。さらに、自ら開発した加速器で陽子を原子核に衝突させ、世界で初めて原子核を人工的に破壊することに成功したのです。具体的には、リチウムの原子核に陽子をぶつけることで、二個のヘリウムの原子核に分裂させることに成功しました。コッククロフトとウォルトンは一九五一年にノーベル賞を受賞しています。

中性子の発見と原子核の人工破壊によって、それまで謎だった原子核の構造を明らかにする手がかりが得られました。原子核を陽子と中性子の集まりとして理解できるのではないかと考えられるようになったのです。いずれの発見も、ラザフォードが所長をしていたケンブリッジ大学のキャベンディッシュ研究所の成果でした。

ちなみに、コッククロフトとウォルトンの実験は、アインシュタインの「$E=mc^2$」の初めての検証でもありました。この実験では、反応前のリチウム原子核と陽子の質量の和が反応後の二つのヘリウム原子核の質量の和より大きく、質量保存の法則が成り立ちません。しかし、この質量の差をアインシュタインの「$E=mc^2$」を使ってエネルギーに換算すると、反応前後の運動エネルギーの変化分と一致したのです。

「四面楚歌、奮起せよ」若き科学者の強い決意

この発見を受けて研究への意欲を漲《みなぎ》らせた若い科学者が日本にいました。一九二九年に大学を卒業したのち、原子核の構造を一つのテーマとしていたその科学者は、一九三二年からの二年間、核力の解明に全力を注ぎます。核力とは、陽子と中性子を結びつける力のこと。言うまでもなく、その若い科学者とは湯川秀樹のことです。

生誕一〇〇年を記念して二〇〇七年に公開された『湯川秀樹日記』（朝日選書）を読むと、中間子理論を発表した一九三四年当時の心の動きがまざまざと伝わってきます。たとえばその年の元日に書かれた言葉は、核力の解明へ向けた強い決意の表れでしょう。

一月一日　我等の前には底知れぬ深淵が口を開いている。
我等は大胆に沈着にその奥を探らねばならぬ。

陽子と中性子を結びつける力は大きな謎でした。物質同士の間に働く引力と言えばまず重力が思い浮かびますが、これは弱すぎて話になりません。重力が弱いということは、金属製のクリップに上から磁石を近づけると持ち上がっていくことからわかります。小さな磁石の力のほうが、地球一個分の重力よりもはるかに強いわけです。

では、重力よりも圧倒的に強い電磁気力でこの力を説明できるかと言えば、そういうわけにもいきません。電磁気力には重力と違って反発力もあります。電磁気力しかないと、プラスの電荷を持つ陽子同士は引き付け合うどころか、電荷の反発力によって逆にバラバラになってしまいます。そのため、原子核をまとめるためには、重力や電磁気力とは別の新しい力を考える必要がありました。

そんなところに、ある理論が登場します。「フェルミオン」の名の由来でもあるローマ大学の物理学者エンリコ・フェルミによる弱い力の理論です。しかし当時はまだ、弱い力と核力との区別は明らかではありませんでした。そのため、フェルミの論文を読んだ湯川は焦りを感じたようです。フェルミ理論によって、陽子と中性子の間の核力の問題が解決してしまうのではないかと思ったのです。一九三四年五月三一日の日記には、

四面楚歌、奮起せよ

[図8]湯川秀樹(1907-1981)

と自らを鼓舞する言葉を記しています。

しかし計算してみると、フェルミ理論で計算された力は、核力にしては弱すぎることがわかりました。自伝『旅人』には次の言葉が記されています。

この否定的な結果が……私の目を開かせた。……既知の粒子の中に、さがし求めることはやめよう。

ここで発想を切り換えて、核力を伝える新粒子の可能性を真剣に考え始めたと思われます。

核力を伝える新たな粒子を予言した湯川秀樹

ヒッグス粒子がそうだったように、現代の素粒子論では、ある謎を解くために物理学者が未知の粒子の存在を予言することは珍しくありません。一九三四年当時は、電子、陽子、中性子の三種類、それに光子を勘定に入れても四種類の粒子しか確認されていませんでした。それで物質のすべてが説明できると考えられていた時代に新たな粒子を予言するには、心理的抵抗があったことでしょう。確信と勇気がなければ、そのような論文は書けなかったはずです。

一九三四年の日記では、一〇月九日に

γ′rayについて考へる

と記されています。「γ（ガンマ）」は電磁気力を伝える光子のこと、「ray」とは、ガンマ線などと言うときの「線」のことです。光子のように力を伝える新粒子という意味で、「γ」にダッシュをつけた「γ′」を使ったのでしょう。湯川の核力の理論がこのときに誕生したのです。

湯川は、新粒子の存在だけでなく、その質量も予言しました。電磁気力を伝える光子は質量がなく、その力は、距離の二乗に反比例して弱くなるものの、遠方にまで伝わります。しかし核力は近距離にしか働きません。その力の到達距離から、湯川は核力を伝える粒子の質量を計算しました。そして「宇宙線の中にならそんな粒子が見つかってもいい」（『旅人』）と考えたのです。湯川の予言した質量は電子と陽子の「中間」の値だったので、この新粒子は中間子と名付けられました。しかし、のちに中間子の仲間が数多く発見されたので、それらと区別するためにパイ中間子と呼ばれるようになります。

予言どおりの粒子が見つかったのは、論文発表から一三年後の一九四七年でした。ブリストル大学のセシル・パウエルは、空気が希薄なため宇宙から飛んでくる粒子（すなわち宇宙線）の強度が大きいアンデス山脈やピレネー山脈などに、写真乾板を設置しました。そこに、湯川の予言したパイ中間子の軌跡が捉えられていたのです。

二年後の一九四九年、湯川秀樹はノーベル賞を受賞します。その授賞式で、スウェーデン科学アカデミーの会長は次のような賛辞を送りました。

あなたの頭脳は実験室であり、ペンと紙がその実験道具である私はこの話を小学生時代に伝記で読み、感銘を受けました。思考の力だけで自然界の深い真実に到達した湯川博士の偉業に感動し、理論物理学の道に進みたいと思ったのです。

また、受賞当時の日本人にとっては、別の意味の喜びもあったでしょう。終戦から四年、まだ貧しかった日本では大がかりな実験施設など作れません。しかし、頭脳と紙と鉛筆だけで勝負する分野で世界の科学にインパクトを与えることができた。この受賞は、日本中の人々を勇気づけたに違いありません。

日本でも完成していた高エネルギー加速器

しかしその後、素粒子物理学の分野は、理論家よりも実験家のほうが活躍する時代を迎えます。それをもたらしたのは粒子加速器の発達でした。

加速器の原理はさまざまなところで活用されています。最も身近な使用例――いや、もはや「使用されていた」と過去形にすべきかもしれません――は、テレビのブラウン管でしょう(もちろんまだ使われていますが、薄型テレビの普及で少数派になりました。ちなみに動画サイト「ユーチューブ」の「チューブ」とはブラウン管のことです)。

ブラウン管の中では、電位差を利用して加速された電子の運動が磁石でコントロールされています。それが蛍光体に衝突すると光が出る。それで画像が見えるわけです。加速された電子の速度は光速の三〇パーセントにまで達しますから、加速器の原理を利用していると言うより、まさに「加速器」そのものだと言えるでしょう。

ちなみにブラウン管で加速された電子のエネルギーは約三万電子ボルト。この「電子ボルト（eV）」という単位は素粒子実験に関する報道にもよく出てくるので、意味を知っておいてもよいでしょう。一電子ボルトとは、一ボルトの電位差で加速された粒子の運動エネルギーのことです。たとえば、一ボルトの乾電池を導線で豆電球やモーターにつないだとき、回路を通る一個の電子は一電子ボルト分の仕事をすることになります。

また、この単位で表現されるのはエネルギーの大きさだけではありません。「$E=mc^2$」によってエネルギーは質量に変換できるので、素粒子物理学では粒子の質量も電子ボルトで表します。

ただし、粒子の小さな質量もエネルギーに換算すると桁の大きな数字になるので、「eV」にK（キロ）、M（メガ）、G（ギガ）、T（テラ）などの接頭辞をつけます。日本で使われている命数法では万、億、兆、京と四桁ごとに数詞が変わりますが、欧米では三桁ごとに区切りがつけられて、キロは一〇〇〇倍、メガが一〇〇万倍、ギガが一〇億倍、テラが一兆倍ということになります。

たとえば電子の質量は〇・五MeV（五〇万電子ボルト）。陽子は九三八MeV（九億三八〇〇万電子ボルト）で、CERNで発見されたヒッグス粒子は一二六GeV（一二六〇億電子ボルト）でした。

ヒッグス粒子の検出に成功したCERNの加速器LHCの衝突エネルギーは、今のところ八TeV（八兆電子ボルト）で、二年後にはさらに一四TeVまで上げる予定です。加速器がこれほど莫大なエネルギーを生み出せるようになるには、さまざまな工夫が必要でした。

初めて原子核を人工的に破壊したコッククロフトとウォルトンの加速器は、高い電圧をかけてその中で粒子を加速する仕組みなので、ある電圧を超えると「絶縁破壊」という現象を起こしてしまうという限界がありました。絶縁破壊とはカミナリのようなもので、これが発生すると電位差が落ちてしまい、それ以上は粒子を加速できません。

その限界を突破するために考えられたのは、時間的に変化する交流電圧を使いリニアモーターカーのように粒子を加速する方法です。しかし、これにも問題がありました。エネルギーを上げるためには距離を伸ばす必要があるので、加速器をどんどん長くしなければならないのです。

そこで登場したのが円形加速器（サイクロトロン）です。カリフォルニア大学バークレイ校のアーネスト・オルランド・ローレンスは、磁場を使って粒子の軌跡を円形に曲げ、ぐるぐると何周もさせることで距離を稼ぐ加速器を開発しました。これによって粒子が衝突するエネルギーが飛躍的に高まり、多くの新粒子が検出されるようになったのです。ローレンスはこの業績により一九三九年にノーベル賞を受賞しています。

日本でも理化学研究所の仁科芳雄がローレンスの協力を得て、第二次世界大戦中の一九四四年に一六〇〇万電子ボルトのエネルギーを生むサイクロトロンを完成させました。しかし残念ながら、これは破壊されて東京湾に沈んでいます。仁科が原爆の研究をしていたこともあり、終戦後にやってきた占領軍がそれを軍事研究設備と混同して破棄してしまったのです。これは、日本の原子核・素粒子物理学にとって大きな痛手となりました。

理論屋が役立たずだった「新粒子の大豊作」時代

一方の米国では、原爆を作り上げたマンハッタン計画の成功によって、原子核物理学や素粒子物理学が政府から大きな支援を受けるようになりました。原爆だけではなく、たとえばレーダー技術の向上などにも物理学者が大きく関与したので、戦勝への貢献度が高く評価されたのでしょう。物理学がそういう目で見られることには抵抗を感じますが、この学問が軍事技術を支えていることもまた事実です。戦後の米国では、学会に出席する物理学者のために軍用機が駆り出されることもあったそうです。

サイクロトロンを作ったバークレイのローレンス研究所は、素粒子物理学の中心地となりました。そして、一一名ものノーベル賞受賞者を輩出しました。

ちなみに私も、カリフォルニア大学バークレイ校の教授をしていたときには、ローレンス研究所の上級研究員を兼任していたので懐かしい研究所です。

さて、一九五〇年代から六〇年代にかけて最も重要な働きをした加速器の一つが、ローレンスの研究所にあった「ベバトロン」でした。「ベバ」とは「BeV」でB（ビリオン）電子ボルト。ビリオンとは一〇億なのでGeV（一〇億電子ボルト）と同じ意味です。その名のとおり、それは六GeV（六〇億電子ボルト）ものエネルギーを実現する加速器でした。

その威力は、物理学の世界を大きく揺るがしました。第一章で、Σ（シグマ）、Λ（ラムダ）、Ω（オメガ）、Δ（デルタ）……など、ギリシア文字が足りなくなるほど多くの粒子が発見されたという話をしました。その「新粒子の大豊作」をもたらした加速器の一つが、このベバトロンでした。

ベバトロン最盛期にバークレイの大学院生であり、のちにノーベル賞を受賞する理論物理学者デイビッド・グロスは、カブリIPMUの広報誌『IPMUニュース』での私との対談で、当時の様子をこんなふうに語っています。

バークレイは素粒子実験の中心地でした。毎月のように新粒子が発見され、素粒子実験は金鉱を掘り当てたような騒ぎでした。……実験物理学がエキサイティングな時代で、実験屋が主導権を握っていました。それに比べて、理論屋はまったく役立たずでした。

物理学は、「実験屋」と「理論屋」が互いに支え合うことで成り立っています。先行する理論が実験によって証明されることもあれば、実験で得られた結果が後から理論的に説明されることもある。たとえば紙と鉛筆で中間子の存在を予言した湯川秀樹の理論も、パウエルがそれを実際に発見したことで、ノーベル賞の授賞対象となったわけです。

ところがベバトロンが活躍した時代は、実験の成果がどんどん積み上げられ、理論がそれに追いつきませんでした。多くの粒子が存在するとなると、それが物質の「素」だとは考えられません。しかし、次々と見つかる粒子の基本単位が何なのかを説明する理論はなかなか登場しなかったのです。

クォークとは「倒錯した性質」を持つ基本粒子

もちろん、その混沌とした状況を理論屋たちが手をこまぬいて眺めていたわけではありません。多くの粒子を分類し、そこに何らかの秩序を見出す努力は行われていました。日本でも、西島和彦や坂田昌一らがその分野で大きな貢献を果たしています。

そんな状況に突破口を開いたのはカリフォルニア工科大学のマレー・ゲルマンでした。彼が考えた粒子の分類方法は、十九世紀に原子の周期律表を作ったメンデレーエフの仕事に匹敵するほどの偉大な業績と言っていいでしょう。メンデレーエフの周期律表では、原子が原子数（＝陽子の数）の順に並んでいますが、ゲルマンによる粒子の分類では、電荷とストレンジネス数と呼ばれる二つの数の組み合わせを使い、新しく見つかった多くの粒子を仏教の曼荼羅のように配置して分類します。実際、彼は、仏教で修行の基本である八つの徳、「八正道」にちなんで、この分類を八道説と呼んでいました。

その分類がさらなる新理論につながったのは、ゲルマンが講演をするためにニューヨークを訪れたときのことです。コロンビア大学の教員会館での昼食中に、教授のロバート・サーバーがゲルマンにこんなことを言いました。

「あなたの分類は、粒子がより基本的な単位からできているとすると、うまく説明できるのではないですか？」

ゲルマンは「その基本粒子の電荷は何か？」と聞き返しましたが、相手のサーバーもそこまでは考えていません。そこでゲルマンは「では、やってみよう」と言って、紙ナプキンの上で計算を始めました（物理学者はしばしばこれをやるので、布のナプキンが出る高級レストランでは要注意です）。

サーバーのアイデアは、「アップ（u）」と「ダウン（d）」の二種類の基本粒子を想定して、陽子はuud、中性子はuddというように、三つを組み合わせてできているとすると、ゲルマンの分類法と辻褄が合うというものでした。また、加速器実験で発見されたΔ（デルタ・バリオン）と呼ばれる粒子はuuuやdddという組み合わせになります。

では、その基本粒子の電荷はどうなっているのか。

陽子の電荷が+1になるように、電荷の単位を選ぶことにしましょう。そうすると、陽子はuudなので、アップ二個とダウン一個の電荷が合計で+1にならなければいけません。一方uddの中性子は中性ですから、アップ一個とダウン二個の電荷は相殺してゼロになっているはずです。これを知っていると、鶴亀算によって、アップとダウンの電荷を決定することができます。答えは、アップが$+\frac{2}{3}$、ダウンが$-\frac{1}{3}$。これでたしかに、陽子の電荷が+1、中性子の電荷はゼロとなります。

ゲルマンの紙ナプキンの上の計算を検算してみましょう。

陽子は u u d なので、電荷は $\frac{2}{3}+\frac{2}{3}-\frac{1}{3}=1$。

中性子は u d d なので、電荷は $\frac{2}{3}-\frac{1}{3}-\frac{1}{3}=0$。

たしかに合っています。

　これだけではご都合主義的な数合わせのようにも思えますが、電荷の計算はデルタ・バリオンでもピタリと合いました。この粒子には電荷が+2のものと−1のものがあり、前者はuuu、後者はdddの組み合わせです。アップの$+\frac{2}{3}$を三倍すれば+2、ダウンの$-\frac{1}{3}$を三倍すれば−1。見事に一致します。

　しかし、計算が合えばいいというものではありません。電荷の最小単位は陽子の+1、電子の−1だと考えられています。自然界にある粒子の電荷は、すべてこの最小単位の整数倍です。このことは、ゲルマンが所属していたカリフォルニア工科大学の初代学長ロバート・ミリカンが検証し、その功績によって一九二三年のノーベル賞も与えられました。陽子や中性子が、中途半端な分数の電荷を持つ粒子からできているなどとは、にわかには信じられません。

　ゲルマン自身、この計算結果に戸惑いを覚えたのでしょう。翌日の講演では「このような粒子を考えると、こいつらは倒錯した（quirk＝クァーク）性質を持つことになる」と述べています。

　これが「クォーク」という呼称の元です。ジェームズ・ジョイスの小説『フィネガン徹夜祭(Finnegans Wake)』を読んだゲルマンは、そこに登場するカモメが「quark」と三回鳴くことから、三個で陽子や中性子を構成する基本粒子「クォーク」に、この綴りを使うことにしました。ちなみに、ジョイスの文章の韻の踏み方からすると「クァーク」と発音されるべきだと思いますが、なぜかゲルマンは「クォーク」という音が気に入っていたようです。

科学では、新しいアイデアによい名前をつけることが思いのほか大切です。カリフォルニア工科大学で博士号を取得し、CERNの研究者になったばかりのジョージ・ツバイクは、ゲルマンと同時期に同様の基本粒子を思いつき、それにエースという名前をつけました。しかし、トランプのエースのカードは三枚ではなく四枚。陽子や中性子を三個で構成する基本粒子の名前としてはどうでしょうか。ツバイクのつけた名前が使われることはありませんでした。

湯川のパイ中間子も二個のクォークからできていた

ゲルマンの理論によると、湯川秀樹のパイ中間子も基本粒子ではありません。三個のクォークからなる陽子や中性子などと違い、こちらは二個のクォークで構成されています。

計算の速い人は、「クォーク二個では電荷がうまく説明できないのではないか」と思うでしょう。たしかに、電荷が$+\frac{2}{3}$のアップクォークや$-\frac{1}{3}$のダウンクォークをどう組み合わせても、二個では合計の電荷が整数になりません。パイ中間子には三つの種類があり、電荷はどれも整数（+1、−1とゼロ）です。

では、二個のクォークでどうやって電荷の辻褄が合うのでしょうか。

ここで少し「反粒子」のお話をします。

一九二五年に量子力学が完成すると、それをアインシュタインの特殊相対論と組み合わせることを試みる人々が現れました。ケンブリッジ大学のポール・ディラックは、一九二八年にこの二つの理論を組み合わせた方程式を書きました。

ディラックの方程式は電子の性質をうまく説明しました。たとえば、先ほどの理化学研究所のサイクロトロン建設の話で登場した仁科は、コペンハーゲン滞在中の一九二八年にオスカル・クラインと共同で、完成したばかりのディラック方程式を使って電子が光子を跳ね返す強さを計算しました。電子の発見者であるジョセフ・ジョン・トムソンが量子力学発見以前に推論していた公式は、高いエネルギーの光子については実験と合わず問題になっていました。これに対し、クラインと仁科が最新のディラック方程式を使って導いた公式は、どのエネルギーでも実験結果と見事に一致したのです。これで、ディラック方程式の正しさが検証されました。

ところが、ディラックの方程式の解の中には、−1の電荷を持つ粒子のほかに、電荷が+1のものもありました。ディラックは最初これが陽子ではないかと思っていたようですが、ディラック方程式が予言する電荷+1の粒子は電子と同じ質量なので、電子の二〇〇〇倍程度の質量を持つ陽子ではありえません。

ディラック方程式が予言した電荷+1の粒子は、一九三二年にカリフォルニア工科大学のカール・アンダーソンが宇宙線の中に見つけました。電荷を持った粒子の軌跡が磁場によって曲げられることはフレミングの法則としてよく知られていますが、電荷の符号が逆になると曲がる向きも逆になります。アンダーソンは宇宙から飛んでくる粒子の中に、質量は電子と同じなのに磁場の中で逆向きに曲がる粒子を見つけたのです。これがまさしくディラック方程式が予言した粒子で、プラス（＝陽）の電荷を持つので「陽電子」と名づけられました。

電子の方程式を導いたディラックは一九三三年に、その予言する陽電子を発見したアンダーソンは一九三六年に、各々ノーベル賞を受賞しています。

その後の研究によって、これは電子に特有の現象ではないことが明らかになりました。量子力学の原理をアインシュタインの特殊相対論と組み合わせると、あらゆる粒子には、質量が同じで電荷の符号が逆の「反粒子」が存在することが予言されるのです。たとえば、陽子は+1の電荷を持つので、その反粒子の電荷は-1です。電子の反粒子が陽電子という命名法に倣うと、陽子の反粒子はマイナス（＝陰）の電荷を持つので陰陽子となるはずですが、これではプラスの電荷を持っているのかマイナスの電荷を持っているのかわからないので、「反陽子」と呼ばれるようになりました。この粒子は、バークレイのベバトロンで発見されます。

陽子の中にあるクォークも量子力学と特殊相対論に従うので、その反粒子である反クォークが存在します。反クォークはクォークと電荷が逆ですから、反アップクォーク（これを$\bar{u}$と書くことにしましょう）の電荷は$-\frac{2}{3}$、反ダウンクォーク（$\bar{d}$）の電荷は$+\frac{1}{3}$。たとえば、反陽子は、$\bar{u}\bar{u}\bar{d}$となっていて、電荷は−1となります。

この反クォークを使うと、電荷の辻褄が合うように、中間子を作ることができます。たとえば$u\bar{d}$なら合計の電荷は+1で、$\bar{u}d$なら−1。これらは、まさしく湯川が予言したパイ中間子です。いずれもクォークと反クォークの対で作れます。

しかしそうなると、陽子と中性子の間に働く核力は、もはや自然界の基本的な力とは言えません。湯川理論ではパイ中間子が陽子と中性子を結びつけていましたが、そのパイ中間子に内部構造があるとすれば、核力はクォーク模型から理論的に導かれるもののはずです。このクォークの間に働く、より基本的な力が、これからご説明する強い力なのです。

閉じ込められているクォークの存在をどう確認するか

その力について考える前に、まずは陽子や中性子が本当にクォークという基本粒子からできているのかどうかを検証しなければなりません。

ゲルマン自身、クォークが本当に存在する粒子であるかどうかについては、一九六〇年代を通じて曖昧な態度を取っていました。「クォークは、粒子の分類のための数学的便法にすぎない」という発言までしていたほどです。ゲルマンは一九六九年にノーベル賞を受賞しますが、その時点でもクォークの存在は確認されていませんでした。したがって授賞の対象になったのはクォークの予言ではなく、素粒子とその相互作用の分類に関する研究でした。同時期にクォークと同様の基本粒子を提案していたツバイクがゲルマンと共同受賞しなかった理由はいろいろと取りざたされていますが、当時はクォークの存在が確立していなかったからだろうと思います。ゲルマンの業績はクォークの提唱だけではありません。彼の編み出した素粒子の分類方法は、十九世紀のメンデレーエフの周期律表の発見に匹敵する重要なものだったので、単独受賞の価値があったのです。

実は、ゲルマンがクォーク模型を提唱してから五〇年ほど経った現在でも、分数電荷の粒子は単独では検出されていません。ただし、クォークが存在する証拠は見つかっています。やや先回りして言っておくと、クォークとクォークの間には強い力が引力として働いているため、それを陽子などから取り出すには無限大のエネルギーが必要になる——つまりクォークは陽子などの中に閉じ込められていて単独では検出できない——というのが、現在の理論的な解釈です。

では、閉じ込められているクォークの存在は、どのようにして確認されたのでしょうか。

その実験は、スタンフォード大学が設立したSLAC国立加速器研究所で行われました。そこに作られたのは、電子をまっすぐに走らせる線形加速器です。スタンフォード大学のジェームズ・ビヨルケンは、この装置でクォークを発見しようと提案しました。私たちの健康診断のときにX線を使って体の中の様子を見るように、電子線を使って陽子の中身を調べれば、その中にクォークがある証拠が見つかるはずだと考えたのです。

実験データを分析したビョルケンは、陽子の内部に「自由に動き回れる粒子」があると主張しました。だとすれば、陽子には内部構造があり、より基本的な「素」の粒子からできていることになります。

しかし彼の主張は、SLACの実験担当者たちになかなか受け入れられませんでした。その数学的な方法が、複雑でわかりにくいものだったからです。常識的に考えても、陽子に閉じ込められているはずの粒子が自由に動き回るのは腑に落ちません。閉じ込められているなら、強い力で押さえつけられてじっとしていそうなものです。

しかし、ある物理学者がSLACに立ち寄った日を境に、状況は大きく変わりました。一九六八年の夏、スタンフォード大学に近い高校で講演を行うついでにSLACを訪れたのは、カリフォルニア工科大学のリチャード・ファインマンです。ファインマンはその三年前、朝永振一郎、ジュリアン・シュウィンガーとノーベル賞を共同受賞していました。ファインマンのノーベル賞受賞理由となった仕事については、後でお話しします。

ファインマンが訪れたときにビョルケンはたまたまハイキングに出かけていて不在でしたが、彼の説明は不要でした。実験データを見たファインマンは、瞬時にその意味を理解し、「ああ！」とひざまずいて祈るような仕草を見せたといいます。すでに頭の中には、陽子の内部で自由に動く粒子に関するアイデアが渦巻いていたのでしょう。

一晩でそのデータを解析したファインマンは、翌朝、ＳＬＡＣの研究者たちにその意味を説明しました。ファインマンと言えば、量子力学を従来とは別の切り口で説明したり、素粒子の反応を図示するファインマン・ダイアグラムを発案するなど、難しい物事を人にわかりやすく伝えるのが得意なことで有名です。このときも、ビヨルケンの難解な数学的方法を、直感的に理解できる形で話したのでしょう。そこにいた研究者たちは、ファインマンの説明によって、ビヨルケンの主張が正しいことを霧が晴れたように理解し納得しました。陽子の中には、たしかに自由に動き回る粒子が存在するのです。

この実験を行ったジェローム・フリードマン、ヘンリー・ケンダル、リチャード・テイラーの三名は、一九九〇年にノーベル賞を受賞しています。

距離が長くなるほど強くなる奇妙な力

ちなみにファインマンは、この粒子を「部分（パート）の粒子」という意味を込めて「パートン」と呼んでいました。カリフォルニア工科大学の同僚であるゲルマンとしては、自分が「クォーク」と名付けたものをそう呼ばれるのは面白くありません。そのため、ファインマンがＳＬＡＣから戻ってくると、「どうしてわざわざパートンなどと呼ぶんだ。あれはクォークだったんだろう?」と問い詰めたそうです。

しかし、これは後でわかったことですが、ＳＬＡＣの実験で確認された粒子は、クォークだけではありませんでした。もちろんクォークもありましたが、自由に動き回る粒子のデータの中には、強い力を伝えるボゾンであるグルーオンの効果も含まれていたのです。

したがって、「クォークだろう?」というゲルマンの問いに「そうだ」と答えていたら、それはファインマンの誤りとなっていたでしょう。ＳＬＡＣ実験で確認されたのがクォークとグルーオンだった以上、とりあえずそれを「パートン」と呼んでクォークと区別したファインマンの慎重な解釈のほうが、結果的には正しかったわけです。

いずれにしろ、これで陽子や中性子に内部構造があることはわかりました。しかし、一つのことがわかると、そこから新たな謎が生じるのがこの世界の常です。クォークは単独で検出できないほど強い力で陽子の中に閉じ込められているのに、なぜその中では自由に振る舞うことができるのか。これが、大きな謎として立ちはだかりました。

陽子の内部で自由に振る舞えるとは、クォークとクォークの距離が短いときには、グルーオンが伝える強い力がほとんど効いていないということです。ならば簡単に引き離せそうなものですが、実際には、そのためには無限大のエネルギーが要る。つまり、クォーク同士を結びつける強い力には、「距離が長くなるほど強くなる」という奇妙な性質があるとしか考えられません。

これは、従来の常識に反します。重力も電磁気力も、力の大きさは距離の二乗に反比例するので、近づくと強くなり、離れると弱くなる。直感的にはそれが当たり前ですから、この性質に不思議を感じる人はいないでしょう。ところが強い力は、遠ざかるほど強くなり、近づくと消えてしまうように見えるというのです。

そんな不思議な力を、どのように理解すればよいのでしょうか。

強い力にまったく歯が立たなかった当時の素粒子論

しかし、当時の素粒子論の研究者には、この強い力の性質を説明するアイデアがありませんでした。それどころか、前にも紹介した『IPMUニュース』での私との対談でデイビッド・グロスが語っているように、「理論屋はまったく役立たず」だったのです。グロスは、これに続けて、

それは理論が無力だったからです。

当時の場の量子論は、強い力にはまったく役に立ちませんでした。

と回顧しています。

「場の量子論」とは、量子力学と特殊相対論を組み合わせた理論のことです。先ほどお話ししたディラックの方程式もこの二つの理論を組み合わせて導かれましたが、これは電子の運動だけに注目したものでした。しかし、電子が電磁場の中を移動すると、電磁場も電子の影響を受けて変化します。そうすると、電子にだけ量子力学を当てはめるのでは辻褄が合いません。そこで、電子だけでなく、電磁場自体にも量子力学の考えを当てはめた理論が、一九二九年にハイゼンベルクとパウリによって提唱されました。

しかし、この理論を使って、実験で観測されるはずの量を計算してみると、無限大の値になってしまい、わけがわからなくなってしまいました。実験では、もちろん有限な値が観測されるので、無限大の答えを出すような理論は、無限大に間違っています。それでも理論屋はあきらめず、その後二〇年近くにわたって研究を続けました。量子力学と特殊相対論は正しいと信じていたので、それを組み合わせた場の量子論にも意味があるはずだと考えたのです。そして、第二次世界大戦の直後になって、ジュリアン・シュウィンガー、リチャード・ファインマンと朝永振一郎の三人が独立に「くりこみ」の方法を開発し、無限大の問題が解決されました。これを使って、電子の性質についての計算を実験と精密に比較できるようになったのです。

しかし、この成功は長くは続きませんでした。電子と電磁場との関係については、場の量子論とくりこみ理論で計算ができるようになったのですが、バークレイのベバトロンなどで次々と発見される新粒子の性質を説明するためには、どうしたらよいか見当がつかなかったのです。一九六五年にはくりこみ理論を完成したシュウィンガー、ファインマンと朝永がノーベル賞を受賞しますが、皮肉なことに、その頃には素粒子物理学では場の量子論は傍流になり、ほとんど使われなくなっていました。

暗黒時代に突破口を開いたヤン－ミルズ理論

このような「場の量子論の暗黒時代」の最中にも、将来の発展の種がひっそりとまかれていました。ヤン－ミルズ理論です。

楊振寧（ヤン・ジェンニーン）は、日中戦争の時代に中国で大学教育を受けました。一九三七年に日本軍が天津を制圧すると、北京大学、精華大学、南開大学は雲南省に疎開し、三大学合同で南西総合大学として研究と教育を続けます。精華大学の数学教授であったヤンの父も、家族とともにこの大学に移り、ヤン自身もこの大学で数学と物理学を学びます。そして、戦争が終わると、直ちに米国のシカゴ大学に留学しました。

ヤンは、南西総合大学やシカゴ大学の学生の頃から、マクスウェルの電磁気理論を拡張するアイデアを温めていました。そもそもの始まりは、一九一五年にアインシュタインが完成させた一般相対論でした。この理論を研究した数学者のヘルマン・ワイルは、一般相対論とマクスウェルの電磁気理論の類似に気がつき、その両者の背後に美しい数学的構造があることを明らかにしていました。この話を聞いたヤンは、このような仕組みの理論はほかにもあるはずだと思いますが、いろいろ試してもうまくいきません。ヤンは、当時のことを回想して、

よさそうなアイデアがこのように何度も失敗することはよくあることだ。そのほとんどは捨てられるか棚上げされる。しかし、その中にはいつまでも気になり続けるものもある。そして、そのような執着心は、ときとしてよい結果をもたらすものである。

と語っています。一九五四年、ニューヨーク郊外にあるブルックヘブン国立研究所で、ヤンは、同室になったロバート・ミルズにその話をします。そして、二人は共同で再度挑戦し、ついにヤンのアイデアを実現したのです。

ヤンとミルズが考え出した理論は次のようなものでした。

マクスウェルの電磁気理論によると、電場や磁場があるときに、その中を電荷を持った粒子が通過すると、粒子の運動が電磁場の影響で変化します。たとえば電場があると、電荷を持っ

た粒子が電場の方向（電荷がマイナスの場合には電場の逆方向）に加速されます。磁場も、電荷を持った粒子の運動を変化させます。たとえば、アンダーソンが陽電子を発見した実験では、磁場の中で陽電子の軌跡が曲げられる向きが重要でした。

ヤン－ミルズ理論でも、電場や磁場のような場を考えますが、これは、粒子の運動状態だけでなく、粒子の種類も変化させます。たとえば、電場に対応するヤン－ミルズ場があって、その中を粒子が通過すると、粒子が加速されるだけでなく、出てきた粒子が違う種類になっているというのです。

この理論は、弱い力を説明するのにお誂え向きです。「はじめに」では、弱い力によって中性子が陽子に変化し、そのときに放出される電子がセシウム137からのベータ線の正体であると説明しました。このような反応が「力」によって起きるというのは奇妙な感じがするかもしれませんが、ヤン－ミルズ場が関与すると自然に説明できるのです。実際に、次の章からは、ヤン－ミルズ理論によって弱い力の仕組みが解明されていった歴史を解説します。

ただし、ヤンとミルズがこのような理論を考えたときには、このような弱い力への応用は念頭にはありませんでした。先ほど述べたように、ヤンは、数学者ワイルの仕事に触発されて、この理論の構築に向かったのです。純粋に数学的な問いかけからの出発でした。

当人たちも想定していなかったヤン－ミルズ理論の応用は、弱い力にとどまりませんでした。

この章の主題である強い力の不思議な性質の説明も、ヤン－ミルズ理論によって可能になったのです。

質量のない粒子？　パウリ先生の厳しいご下問

実は、このような理論を考えていた研究者はヤンとミルズだけではありませんでした。たとえば日本の内山龍雄は、一九五四年までに同じ理論を完成させていたそうです。しかしその年の秋からプリンストン高等研究所に出張することになっており、論文は米国に行ってから書いたほうがインパクトがあるだろうと考えました。

ところがプリンストンに行ってみると、すでにヤンとミルズが論文を書いていると聞かされます。実際、彼らが一九五四年の六月に投稿した論文は、一〇月の『フィジカル・レビュー』誌に掲載されています。そのため、内山は論文の執筆をやめてしまいました。後年になって、なぜ独立な発見であることを主張しなかったのですかと聞かれた内山は、「日本のサムライとしては潔しとしない」と答えています。

そこに近づいていたのは内山だけではありませんでした。量子力学の建設やその後の素粒子論の発展に大きく貢献したパウリも、一九五三年頃に同じ理論を完成させていました。

本書では、このように複数の研究者がほぼ同時に同じアイデアを思いついたという話が、これから何度も登場します。おそらく、その時々の時代精神の反映なのでしょう。直接には交流をしていない研究者が、その時代の問題意識や技術的制限の中で、同時多発的に発見をすることはよくあることです。

同じ理論を完成していたパウリも、それを論文として発表していません。その理論が、「質量のない粒子」を予言するように思えたからです。

マクスウェル理論は、電磁波の存在を予言するものでした。のちに発見された電磁波は光子という粒であることがわかり、これには質量がありません。ヤン－ミルズ理論はマクスウェル理論を拡張したものですから、光子に似た質量のない粒子を予言します。この理論を強い力の説明に使うときには、この質量のない粒子とは、強い力を伝えるグルーオンになるわけですが、当時はまだ光子以外に質量のない粒子は知られていませんでした。そんなものを予言する理論は不完全だと考えたため、パウリは自分の理論を発表しなかったわけです。

さて、ヤンがプリンストンの高等研究所で新理論に関するセミナーを行ったとき、パウリが聴衆として一番前の席に座っていました。パウリは批判力が強いことでも有名で、素粒子論のご意見番として畏れられていました。彼が納得すれば、「パウリ先生のご裁可が下った」と言われるほど、権威があったのです。彼がそこに座っているだけで、ヤンにとってはかなりのプレッシャーだったでしょう。

案の定、ヤンが話を始めるやいなや、パウリは質問をしました。

その理論が予言する粒子の質量は何であるか。

もちろん、答えを知っていてそう聞いたわけです。ヤンのほうも当然その問題には気づいており、「その点についてはまだ結論が出ていない」と答えました。しかしパウリは「それでは答えにならない」と言って、先に進ませようとしません。それではセミナーが滞ってしまうので、途中で所長のロバート・オッペンハイマー（第二次世界大戦中にマンハッタン計画の指導者だったので「原爆の父」と呼ばれていました）が「まあ、とにかく最後まで聞こうじゃないか」と仲裁に入ったそうです。

ヤンに対するパウリの質問は、決して悔し紛れの嫌がらせではありません。この理論の本質に関わる重要な問題提起です。ヤンとミルズもその意味はわかっていたので、論文の最後には「この理論は質量のない粒子を予言する点で不完全なので、何らかの要素を付け加える必要がある」と書きました。

ここで、問題点を簡単に整理しておきましょう。

「はじめに」でも述べたように、素粒子の標準模型では、電磁気力、強い力、弱い力が、もともとは同じ理論で説明できる三つ子の兄弟のようなものだと考えます。この「同じ理論」とは、実はヤン－ミルズ理論のことです。そうすると、強い力と弱い力についても、電磁気力の光子と同じような「質量のない粒子」が予言されるように思えます。しかし、実験で見つかっている素粒子は、光子以外はすべて質量を持っています。パウリが指摘したように、ヤン－ミルズ理論を素粒子論に使うのなら、質量のない粒子がどうなったのかを理解する必要があります。

結論から言うと、ヤン－ミルズ理論は強い力と弱い力の両方に使えることがわかりました。しかし、パウリの問題への解答は、強い力と弱い力でまったく別なものでした。

赤青緑、強い力はクォークの色を変える!?

ここでは、弱い力の話は後回しにして、強い力の場合にパウリの問題がどのように解決されたのかをご説明しましょう。ヤン－ミルズ理論を使って強い力を説明するためには、まずクォークの色の話をしなければなりません。

先ほど、陽子や中性子、その仲間のデルタ・バリオンなどは、アップ（u）とダウン（d）の二種類のクォークの組み合わせからなっていると書きました。陽子はuud、中性子はudd、またデルタ・バリオンはuuuとdddというわけです。ところが、クォーク模型をよく調べてみると、デルタ・バリオンの性質を説明するためには、その中の三つのクォークが重なり合って同じ状態にいなければいけないことがわかりました。クォークは物質を構成する粒子なのでフェルミオンです。フェルミオンなら、複数が同じ状態を占めることはできないはずです。それなのに、三つのクォークがデルタ・バリオンの中で同じ状態にあるというのは矛盾しています。

これを解決するために、次のようなアイデアが提案されました。、アップクォークやダウンクォークは、それぞれ一種類ではない。同じアップクォークにも実は三種類の異なるものがあって区別できるというのです。その萌芽となる考え方は一九六四年にオスカー・グリーンバーグが発表し、その翌年には、南部陽一郎と韓茂栄（ハン・ムーヤン）がより明確な形でクォークには三種類あることを提唱しました。

この三種類のアップクォーク、三種類のダウンクォークを区別するために、赤・青・緑という名前がつけられました。もちろん、素粒子は点ですから、クォークが本当に色分けされているわけではありませんし、三種類とも性質は同じです。しかし、区別はできる。たとえば正三角形にはまったく同じ性質を持つ三つの頂点がありますが、頂点A、頂点B、頂点Cと名付けることで区別できます。クォークの赤・青・緑という色分けは、このA・B・Cによる区別と同じようなものです。色に特別な意味があるわけではありません。道教の福・禄・寿でも、花札の猪・鹿・蝶でもよかった。デルタ・バリオンの中にある三つのクォークを区別できる名前なら、何でもよかったのです。

このようにクォークを区別する名前をつけると、先ほどuuuからできているといったデルタ・バリオンは、実は$u_{\text{赤}}u_{\text{青}}u_{\text{緑}}$の組み合わせとなり、「同じ粒子二個は、同じ状態にはなれない」というフェルミオンの性質との矛盾が解消します。uuuだと同じuが三つあって困りますが、$u_{\text{赤}}u_{\text{青}}u_{\text{緑}}$なら三つは実は違う色を持つ異なる粒子なので、クォークがフェルミオンであるということと矛盾しないのです。

これだけだと、ただ苦し紛れの言い訳をしているように聞こえるかもしれませんが、クォークに色があるということは、強い力の仕組みにも重要でした。南部とハンは、その論文でクォークの色を提案しただけではなく、色を使ってクォークの間の強い力を説明する可能性も指摘しています。

電磁場があると、その波は電磁波として伝わり、その最小単位が光子と呼ばれるボゾン粒子であることは先ほど説明しました。そして、電荷を持つ粒子の間の電磁気力は、光子のやり取りによって説明されます。電荷を持っている粒子の一つが光子を放ち、それをもう一つの粒子が受け取ることで、電磁気力が伝わるというのです。同じように、強い力をヤン－ミルズ理論で説明しようとするときには、ヤン－ミルズ場の波の最小単位としてグルーオンと呼ばれるボゾン粒子が現れ、この粒子によって強い力が伝わると考えます。

そうすると、粒子の中にクォークが閉じ込められている様子を、次のように説明する可能性が開けます。たとえばデルタ・バリオンの中に三色のクォーク$u_{赤}u_{青}u_{緑}$があったとしましょう。そこで、たとえば$u_{赤}$がグルーオンを放出すると、その色が変わります。そして、このグルーオンを別なクォークが受け取ると、またその色が変わる。このグルーオンのやり取りによって、クォークの色が変わるだけでなく、その間に引力も働くのです。

このように、クォークに色があり、そこにヤン－ミルズ場が働くと考えることで、クォークを閉じ込める強い力を説明できる可能性が生まれたのです。

天才トフーフトが発見した「マイナスの符号」の意味

では、ヤン－ミルズ理論は、本当に強い力の性質を説明できるのでしょうか。

クォークは$+\frac{2}{3}$や$-\frac{1}{3}$という電荷を持っており、そのような粒子は自然界に見つかっていないので、クォークは陽子や中性子、中間子などの中に強い力で閉じ込められて、決して外に出てこないようになっていないといけません。その一方で、SLACの実験は、陽子の中にあるクォークが、あたかも力が働いていないかのように自由に動き回っていることを示しています。

また、ヤン－ミルズ理論を使うと、強い力を伝えるグルーオンは、電磁場の光子のように質量のないボゾン粒子のように思われますが、質量のないボゾンは、これまでのところ光子以外に見つかっていません。クォークやグルーオンは、なぜ見つからないのでしょうか。

このように、ヤン－ミルズ理論を強い力に応用するためには、解くべき問題が山積していました。

しかも、六〇年代当時には、ヤン－ミルズ理論を使ってクォークの間の力の働き方を計算する方法は確立していませんでした。

先ほど引用したグロスの回想にあったように、六〇年代には、場の量子論は素粒子論の「傍流」でした。しかし、完全に見捨てられたわけではありません。それを研究し続ける人々も少数ながらいました。その一人が、オランダのマルティヌス・ベルトマンです。ヤン－ミルズ理論を発展させることが重要だと考えていた彼は、朝永らが開発した「くりこみ」の方法をヤン－ミルズ理論に当てはめようとしました。

とはいえ、これは数学的にきわめて難しい問題なので、ベルトマン一人の手には負えません。しかし、そこにある天才が現れます。その名は、ヘラールト・トフーフト。ユトレヒト大学のベルトマン研究室に大学院生として入学したトフーフトは、その卓越した数学的才能によって、不可能とも思われていたヤン－ミルズ理論の「くりこみ」に成功しました。それまで電磁場にしか使えなかったくりこみ理論が、ヤン－ミルズ場にも使えるようになったわけです。これは、実に大きな進歩でした。

［図9］ヘラールト・トフーフト（1946-）とマルティヌス・ベルトマン（1931-）

トフーフトの活躍は、これだけでは終わりません。一九七二年のある日、彼は国際会議に出席するためにマルセイユへ赴き、空港で西ドイツの物理学者クルト・ジマンチックと出会います。当時、場の量子論の大家として知られていたジマンチックは、会議場までの道中で、トフーフトにこんな話をしました。

「クォークは強い力によって閉じ込められているのに、SLACの実験では自由に動き回っているように見えるのが不思議だ。私は思いつくかぎりすべての場の量子論で計算してみたが、どうしても距離が短くなると力が強くなってしまう。これでは、実験の結果を説明することができない」

するとトフーフトは、ノートを取り出してジマンチックに見せました。

「ヤン－ミルズ理論で計算したらこんな式になったのですが、何か意味がありますか？」

それは、ジマンチックが見たこともない計算でした。ヤン－ミルズ理論のくりこみ計算は完成して間もなかったこともあり、大家のジマンチックでさえまだ手を付けていなかったのです。おそらく、トフーフト以外に計算できる人はほとんどいなかったでしょう。

「この符号はマイナスだというのかね、トフーフト君！」ジマンチックは驚愕して言いました。

「これが本当なら、SLACの実験はヤン－ミルズ理論で説明がつくということだよ。これは大発見だ。よく確かめて、間違いがなければすぐに発表すべきだ。君が発表しなければ、誰か他の人が発表するだろう」

この「マイナスの符号」が意味しているのが、強い力の「漸近的自由性」と呼ばれる性質でした。重力や電磁気力は距離が遠いほど弱くなりますが、強い力は距離が遠いほど強く、近づけば近づくほど弱く（つまり粒子がより自由に）なる。トフーフトの式にあったマイナスの符号が、そのことを示していたのです。

しかしトフーフトは、この発見を論文として発表しませんでした。事の重大性がわかっていなかったわけではないと思いますが、当時の彼はヤン－ミルズ理論のくりこみを重力理論に拡張するという野心的な仕事に夢中で取り組んでいたため、論文を書く時間が取れなかったのです。後日トフーフトは、そのマルセイユでの国際会議でヤン－ミルズ理論の漸近的自由性を表す式を黒板に書いたと語っていますが、唯一その意義を理解していたジマンチックは一九八三年に亡くなってしまいました。

そしてめでたく全員がノーベル賞を受賞した

そしてジマンチックが言ったとおり、翌年、この計算式は別の研究者によって再発見され、論文として発表されてしまいます。「マイナスの符号」の計算に成功したのは、ハーバード大学の大学院生デイビッド・ポリッツァー、プリンストン大学の助教授であったデイビッド・グロス（『IPMUニュース』で私と対談した彼です）、そして助教授になったばかりのグロスにとって最初の大学院生だったフランク・ウィルチェックの三人でした。

ただしグロスは、当時「場の量子論では強い力は説明できないと確信していました」と語っています。そのため、漸近的自由性を持つ場の量子論は存在しないことを証明するために、さまざまな計算を行った。その仕上げとして最後に残っていたヤン-ミルズ理論での計算に取り組んだわけです。

一方のポリッツァーは、指導教官のシドニー・コールマンに相談しながら同じ計算に取り組んでいました。そして、計算結果がトフーフトと同じマイナスの符号になったので、すぐにコールマンに連絡をします。そのときコールマンは研究休暇を取っており、ちょうどプリンストン大学に滞在していました。そこで、グロスとウィルチェックが同じ計算をしているのを横目

［図10］デイビッド・グロス（1941-）、フランク・ウィルチェック（1951-）とデイビッド・ポリッツァー（1949-）

で眺めていたようです。

ポリッツァーから連絡を受けたコールマンは、「もう一度やり直しなさい」と指導しました。この計算はきわめて煩雑で、最後まで符号を間違えずに答えを出すのは容易ではありません。算数や数学の計算問題でプラスとマイナスを逆にして「しまった！」と舌打ちした経験が誰にでもあると思いますが、このヤン－ミルズ理論の計算では、専門家でもそれと同じことをする可能性が高いのです。

指導教官に言われたとおり、ポリッツァーはそれから一週間、山にこもって計算をやり直しました。しかし、やはり符号はマイナスになります。

「先生、これはもう、絶対にマイナスです」

彼がコールマンに再び連絡したときには、グロスとウィルチェックもマイナスであることを確信し、しかもすでに論文を書いて投稿していました。それを知ったポリッツァーも、慌てて論文を執筆。激しい先陣争いをくり広げた二つの論文は、結局、

『フィジカル・レビュー・レターズ』誌の同じ号に並んで掲載されました。こうして漸近的自由性が発見されたことで、ヤン－ミルズ理論は強い力を説明する正しい理論と認められたのです。

漸近的自由性を証明するこの計算は、素粒子論を専攻する大学院生なら誰でも一度は自分でやってみるべきとされます。これを通過しなければ、「免許皆伝」にはならないのです。私自身、大学院一年生のときに、新しいノートを買って下宿にこもり、その計算を確かめました。そのノートは、今でも大切に保管してあります。

しかし、この価値ある発見には長らくノーベル賞が与えられませんでした。ノーベル賞には、受賞者が三人までという規則があるからでしょう。論文を発表したのはちょうど三人ですが、実際にはその前にトフーフトが発見しています。選考委員会としては、このトフーフトをどう扱うべきか悩んだことと思います。

最終的には、まず一九九九年にトフーフトとベルトマンの二人が受賞しました。対象となった業績は漸近的自由性の発見ではなく「ヤン－ミルズ理論のくりこみ」です。そして五年後の二〇〇四年に、ポリッツァー、グロス、ウィルチェックの三人が「漸近的自由性の発見」で受賞。発見から三〇年以上の時を経て、めでたく全員がノーベル賞受賞者になったわけです。

自分自身も閉じ込めてしまうグルーオン

こうして、距離が離れるほど強くなるという強い力の謎は理論的に解決しました。強い力で結びついたクォークは陽子や中性子、中間子などの内部に閉じ込められ、それを取り出すには無限大のエネルギーが必要になるのです。また、距離が近づくほど力が弱まるので、陽子などの内部では自由に動き回れることも説明がつきました。

これによりクォーク模型が確立しました。陽子や中性子などのバリオンは三個のクォーク、中間子はクォークと反クォークの対からできていることが、はっきりしたのです。そして、陽子や中性子の質量の大半が、強い力による閉じ込めのエネルギーであることもわかりました。

すると、湯川秀樹の中間子理論の位置づけも明確になります。陽子、中性子、中間子は、すべてクォークからできているので、陽子と中性子の間に中間子が行き来して伝える核力も、クォークとその間の強い力によって説明できるはずです。これを実際に示すことは、南部陽一郎が著書『クォーク』（ブルーバックス）に「望めない」と書いたほど困難な課題でした。しかし、青木慎也、初田哲男、石井理修は二〇〇七年に、最新のスーパーコンピュータを使うことで、核力を数値的に導くことに成功しました。核力は自然界の基本的な力ではなく、強い力から導くことができる二次的な力だったのです。英国の科学雑誌『ネイチャー』は、彼らの研究成果を、山中伸弥らによるｉＰＳ細胞の生成技術の開発などとともに、二〇〇七年のハイライト研究に選び、「力技の計算と理論の勝利」と賞賛しました。

ちなみに、強い力を伝える粒子が「グルーオン」と名付けられたのは、それがクォークを糊(グルー)のように貼り付けて閉じ込めているからです。しかしSLACの実験では、クォークだけでなく、このグルーオン自身もバリオン内部に閉じ込められ、陽子の中で自由に振る舞っているように見えました。なぜでしょうか。

先ほどクォークは赤、青、緑の三つの色を持っているという話をしました。強い力が働くとこの色が変わる。この性質がクォークの閉じ込めには重要でした。

ヤン－ミルズ理論によると、グルーオンはそれ自身が色を持っています。もっと正確に言うと、クォークのように赤・青・緑の単一の色ではなく、〈赤↓青〉、〈青↓緑〉などと二色の色の組み合わせで区別されます。この色の組み合わせは、グルーオンの働き方に関係があります。たとえば、赤色のクォークは、〈赤↓青〉のグルーオンを放出すると、青色のクォークに変身します。グルーオンの色の組み合わせにより、クォークの変化の仕方が決まるのです。

グルーオン自身が組み合わせを持つとすると、グルーオン同士の間にも強い力が働くことを理論的に示すことができます。グルーオンは、クォークを閉じ込めるだけでなく、グルーオン同士がお互いに影響を及ぼし合って、自分自身を閉じ込めてしまう。陽子などの中では、クォークもグルーオンも漸近的自由性の原理によって自由に動き回れるけれど、どちらも外に出ることはできないわけです。

そう考えると、一九五四年のセミナーでパウリがヤンを問い詰めた質問も解決します。そこでは、ヤン－ミルズ理論が「質量のない粒子」を予言してしまうことが問題視されていました。しかし、陽子などの中に閉じ込められていて観測できないのであれば矛盾はありません。グルーオンは、理論が予言するとおり質量がありませんが、取り出すことができないのです。

ただしこの閉じ込めの性質は、まだ厳密に証明されていません。スーパーコンピュータを使った数値計算ではクォークやグルーオンが閉じ込められることが確認されているのですが、数学的にはきちんと決着していないのです。

その証明はきわめて難しく、有名なポアンカレ予想やリーマン予想などと並んで、クレイ数学研究所が二〇〇〇年に発表した七つの「ミレニアム問題」の一つにもなっています。まだ、この閉じ込めの問題で一〇〇万ドルの賞金を受け取った人はいません。その意味でも、パウリに問い詰められたヤンが「その点については、まだ結論が出ていない」と答えたのは、科学者として適切かつ誠実な対応だったと言えると思います。

第四章　神様は左利きだった

――弱い力のひねくれた性質

強い力は、ヤン-ミルズ理論で説明することができました。ですが、弱い力は一筋縄ではいきません。弱い力を伝えるWボゾンやZボゾン、また電子やクォークには質量があるため、ヤン-ミルズ理論を弱い力に当てはめることは不可能だと思われました。さらにここに、「パリティの破れ」という大きな謎が立ちはだかります。本章では、「対称性の自発的破れの発見」という素粒子物理学の革命前夜の状況を、追体験しましょう。

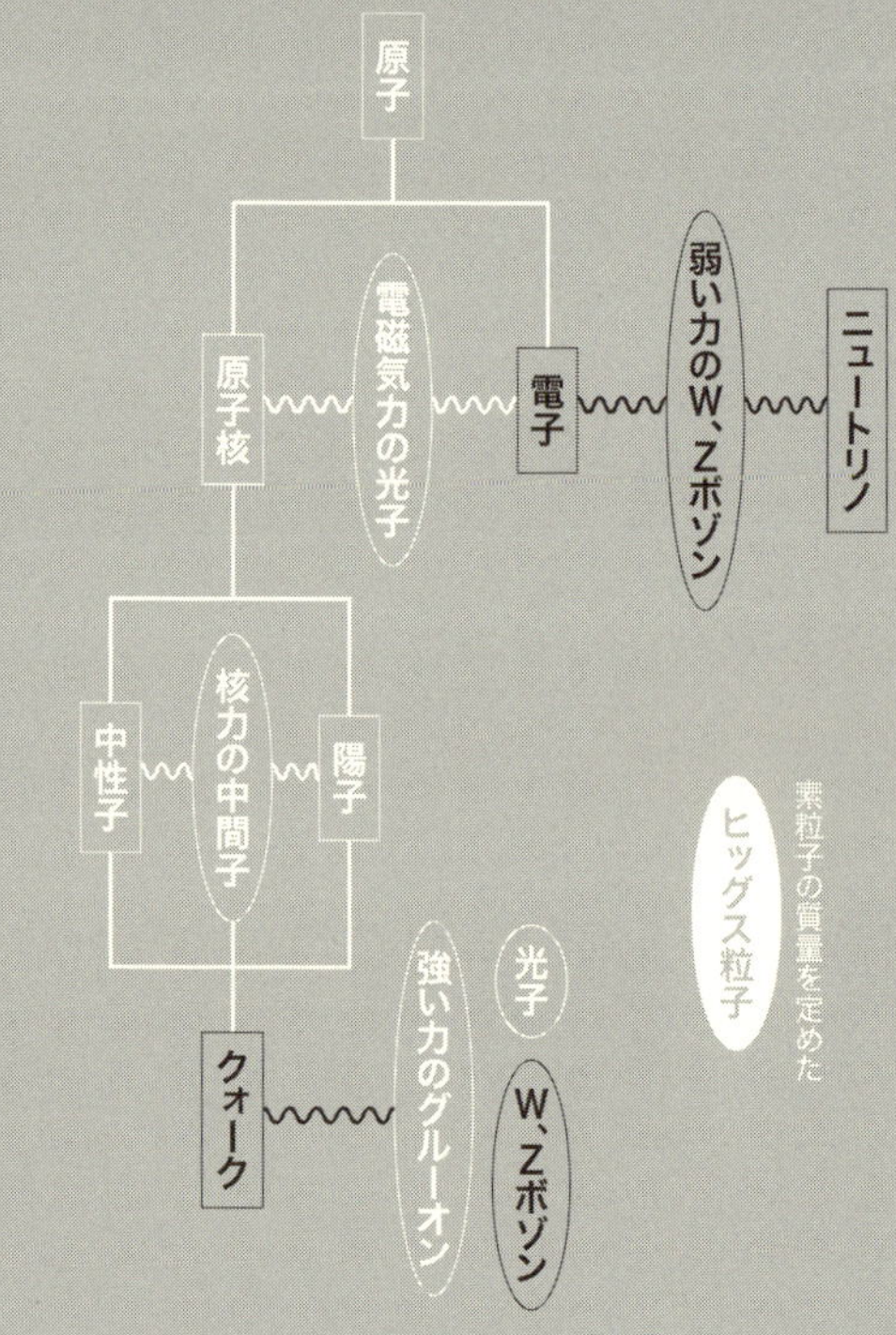

強い力と弱い力の関係は「美女と野獣」

フランスの小説家ジャンヌ゠マリー・ルプランス・ド・ボーモンが一七五七年に発表した『美女と野獣』は、数多くの音楽、演劇、映画などの題材となったおとぎ話の傑作です。心優しい「美女」ベルは、父親の身代わりとして、恐ろしい「野獣」の住む城に向かいます。そして、ベルの愛で魔法が解けた野獣は、立派な王子様に戻るというお話です。

強い力と弱い力の関係は、この美女と野獣の関係に似ていると思います。

ヤン－ミルズ理論は、マクスウェルの電磁気理論とアインシュタインの一般相対論の数学的構造を受け継いでおり、その美しさは物理学者や数学者の目には明らかです。ポアンカレ予想やリーマン予想と並んで、「ミレニアム問題」にも取り上げられていることはすでに述べました。数学のノーベル賞と呼ばれるフィールズ賞の過去数十年間の受賞者を見ても、ヤン－ミルズ理論の研究に携わっていた人が何人もいます。

このヤン－ミルズ理論をそのまま使って説明される強い力には、その美しさがそのまま表現されています。

これに対し、弱い力の美しさは、長い間明らかになりませんでした。そして、弱い力を野獣の姿に変え、その美しさを隠していたのが、ヒッグス場だったのです。

しかし、ヒッグス場の魔法を解くのは、次章以降までお待ちください。この章では、魔法が解ける前の弱い力の姿を、ありのままに見ていただきます。

原子核の中ではエネルギー保存則が成り立たない？

弱い力が放射線と深く関わっていることは、すでにお話ししました。たとえばセシウム137は弱い力によってバリウム137になり、そのときに電子（ベータ線）を放出します。こうしてできたバリウムの原子核は、中性子が突然陽子に変わったので、しばしば落ち着かない状態にあります。そこで、電磁波（ガンマ線）によってエネルギーを放出して、ようやく安定した原子核に落ち着くのです。このベータ線やガンマ線が、人体に悪影響を与えます。

このように原子核が、電子（ベータ線）を放出する現象を「ベータ崩壊」と呼びます。

ベータ崩壊が起きる理由は、セシウムの原子核の中に中性子が多すぎて、陽子とのつりあいが悪いからです。陽子はプラスの電荷を持つので、反発し合います。そのため、原子核が安定するためには中性子が少し多いほうがよい。しかし、それにしてもセシウム137には中性子が多すぎるのです。そこで、その中の一つの中性子が弱い力で陽子に変身し、そのときに電子を放出します。電荷が保存するために、電気的に「中性」な中性子は、電子を放出しないとプラスの電荷を持つ陽子になれないからです。

しかし、ベータ崩壊で放出される電子の運動エネルギーを測定したところ、重大な問題が見つかりました。

そもそも、電子が原子核から高いエネルギーで放出されるのは、反応前の原子核の質量が、反応後の原子核と放出された電子の質量を足したものより大きいからです。反応の前後で質量の保存が成り立っていない。アインシュタインの公式「$E=mc^2$」によれば、この質量の差はエネルギーに転化されるはずです。これが電子の運動エネルギーとなり、電子がその高いエネルギーで原子核から飛び出てくると期待されました。

ところが、放出された電子の運動エネルギーを実際に測ってみると、このエネルギーの差より小さいことがわかりました。エネルギーの帳尻が合わないのです。ニールス・ボーアのような重鎮ですら、原子核の中ではエネルギー保存則が成り立たないのではないかと言い出すほどの物理学の危機でした。

待ち人ニュートリノ、ついに来たる

そこで、この謎を解くアイデアを出したのが、本書ですでに何度か登場したパウリでした。しかし、自分でもあまりに荒唐無稽に思われたので、論文にする気が起きません。そこで、ドイツのテュービンゲンの会議に参加していた物理学者たちに、有名な公開書簡を送ります（短く編集して引用します）。

放射能を帯びた紳士淑女諸君
私はエネルギー保存の定理を救うために、破れかぶれの対策を思いつきました。電気的に中性のフェルミオンが存在する可能性です。ベータ崩壊のときに、電子とともに、この未知の粒子が放射されれば、エネルギーの辻褄が合うのです。しかし、これを論文として発表する自信がないので、放射能を帯びた諸君に、このような粒子が観測できる可能性があるだろうかとご相談する次第です。

パウリと言えば、ヤン－ミルズ理論が「質量のない粒子」を予言するとして批判した人物です。しかし、自分自身にも厳しい人で、翌年に、カリフォルニア工科大学を訪問したときには、「私はとんでもないことをしてしまった。観測できないような粒子を仮定してしまったのだ」と嘆いています。離婚も重なって深刻なノイローゼになったパウリは、分析心理学の創始者であるカール・ユングの治療を受けるほどでした。

しかし、一九三四年には、フェルミがパウリのアイデアを取り入れたベータ崩壊の理論を発表します。前章で、湯川秀樹がフェルミの論文を読んで焦りを感じた話をしたのを覚えているでしょうか。実はそれは、このベータ崩壊に関する論文だったのです。

フェルミは、この粒子を「ニュートリノ」と名づけます。電気的に中性であることから、パウリは中性子（ニュートロン）と呼んでいたのですが、この名前はチャドウィックが発見した新粒子に使われてしまったので、これにイタリア語で「おチビさん」という意味の接尾語「イーノ」をつけて、ニュートリノにしたのです。日本では「中性微子」という訳語が使われたこともあります。

フェルミのベータ崩壊の理論は、実験をうまく説明したので、ニュートリノの存在も次第に受け入れられるようになってきました。

［図11］ボルフガング・パウリ（1900-1958）

その存在が確認されるのには、パウリの予言から三〇年近くかかりました。一九五六年、米国のフレデリック・ライネスとクライド・カワンは、原子炉から放射されるニュートリノを二〇〇リットルの塩化カドミウム溶液に当てて、弱い力の反応が起きる様子を観測します。二〇〇リットルの水槽とは、当時としては大きな実験装置です。ニュートリノには弱い力しか働かないので、これほどの大きさの標的を用意しておかないと十分な反応が起きないのです。

ニュートリノを観測したライネスとカワンは、ただちにパウリに電報を打ちます。CERNでの会議に出席していたパウリは、電報を受け取ると会議を中断させて、これを発表しました。そして、彼らに返信の電報を打ちます。

待つことのできる者にのみ、待ち人は来たる

パウリはこの二年後に亡くなります。そして、ライネスがノーベル賞を受賞するのは、それから三九年も経った一九九五年のことです。残念なことに共同発見者のカワンはその二一年前に亡くなっていました。

パウリが予言したニュートリノが発見されたことで、ベータ崩壊の前後でエネルギーはたしかに保存されていることが明らかになりました。ベータ崩壊は、中性子が〔陽子＋電子＋ニュートリノ〕に変化する現象だったのです。

実はベータ崩壊で現れるのは、今日の用語ではニュートリノではなく、その反粒子の反ニュートリノです。つまり、正確に書くと〔中性子→陽子＋電子＋反ニュートリノ〕となります。

さて、このような反応があると、同じ弱い力によって、図12のように、〔中性子＋ニュートリノ→陽子＋電子〕という反応も起きることが予想されます。そして、この反応が起きること

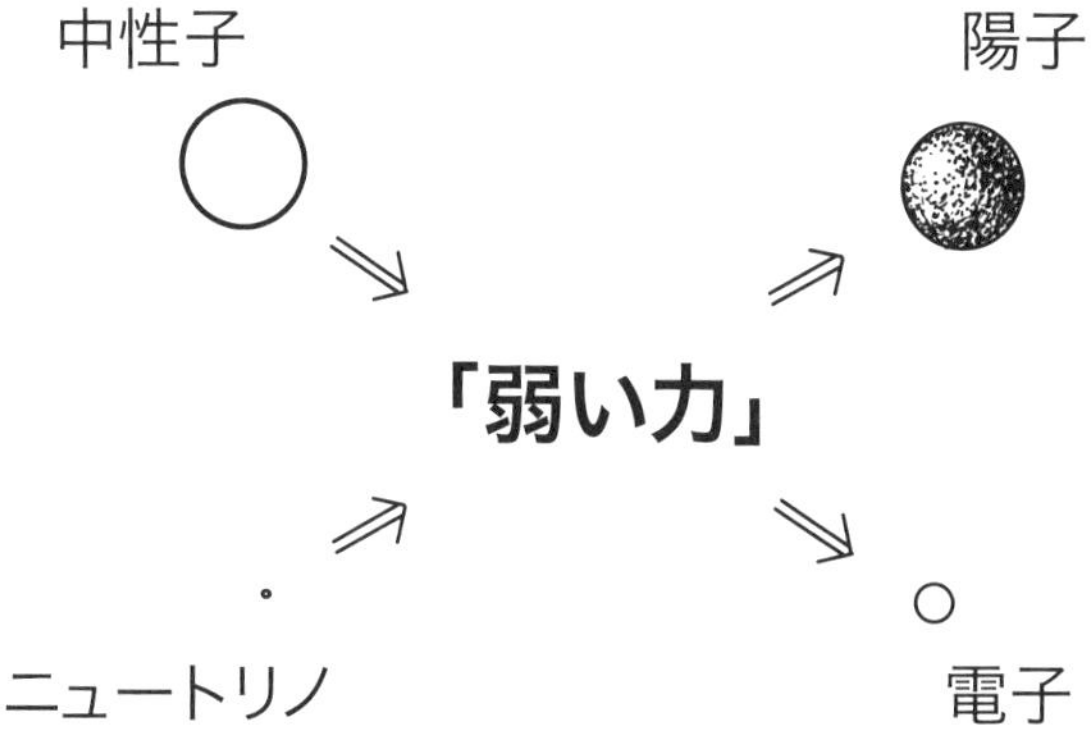

［図12］弱い力が働くと粒子の種類が変わる。

は、実験でも確かめられています。以下この二つの反応の間に関係があることを説明しますが、細かい話なので、面倒でしたら一三三ページまで読み飛ばしていただいても結構です。

前章で、量子力学と特殊相対論を組み合わせると、すべての粒子には、質量が同じで電荷の符号が逆の反粒子が予言されると書きました。たとえば、電子の反粒子は陽電子と呼ばれ、電子と反対のプラスの電荷を持っています。そして、電子と陽電子が出会うと、「対消滅」を起こして消えてしまいます。同じように、ニュートリノと反ニュートリノも対消滅を起こします。

さて、〔中性子＋ニュートリノ→陽子＋電子〕が起きることを説明するために、その最初の状態〔中性子＋ニュートリノ〕に注目しましょう。中性子は、ベータ崩壊によって、〔陽子＋電子＋反ニュートリ

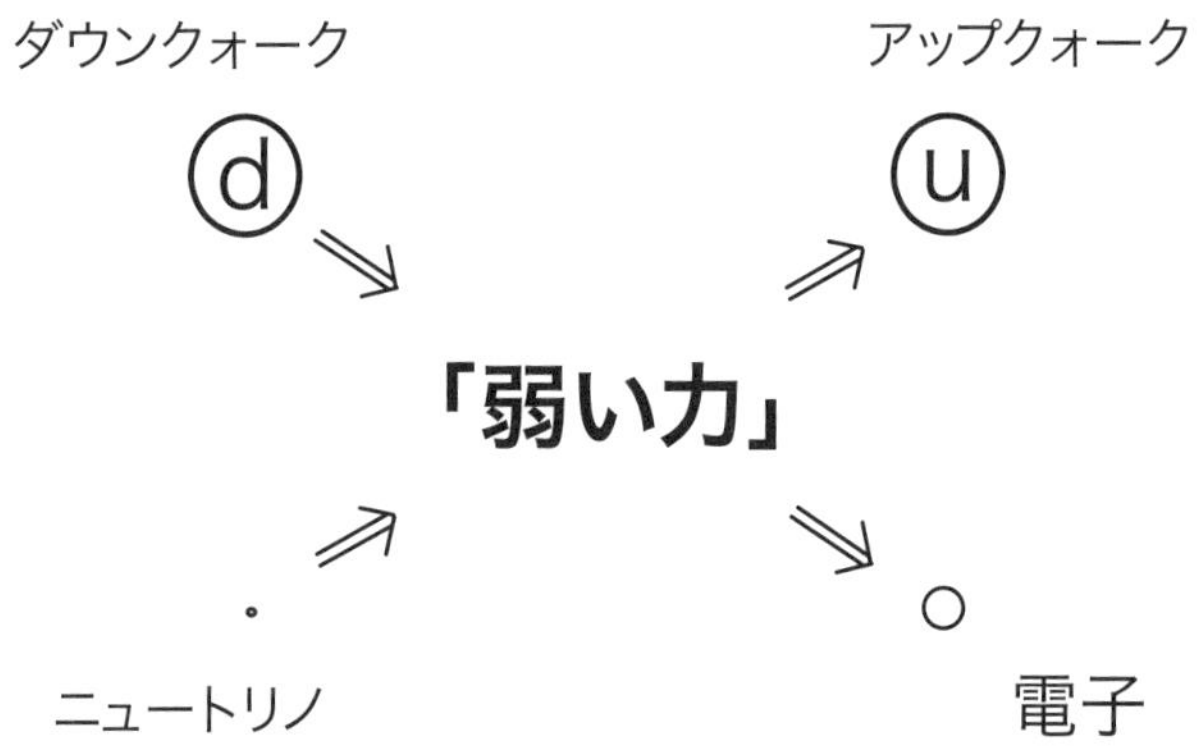

［図13］弱い力の働き方を、クォークのレベルで見るとこうなっている。

ノ〕となることができます。ところが、今はこのほかにもう一つニュートリノがいるので、それを加えると反応の後は〔陽子＋電子＋反ニュートリノ＋ニュートリノ〕となります。この反ニュートリノとニュートリノが対消滅を起こせば、期待される〔中性子＋ニュートリノ→陽子＋電子〕という反応になるというわけです。

ただし、中性子や陽子は「素粒子」ではありません。そこには内部構造があり、それぞれ三個のクォークでできています。したがって弱い力も、「中性子を変化させる」のではなく、クォークに対して働くと考えるべきでしょう。中性子はuddの組み合わせで、陽子はuudですから、中性子のダウンクォーク（d）二個のうち一個をアップクォーク（u）に変えれば、陽子になります。つまり弱い力の働き方は、クォークのレベルでは、〔ダウンクォ

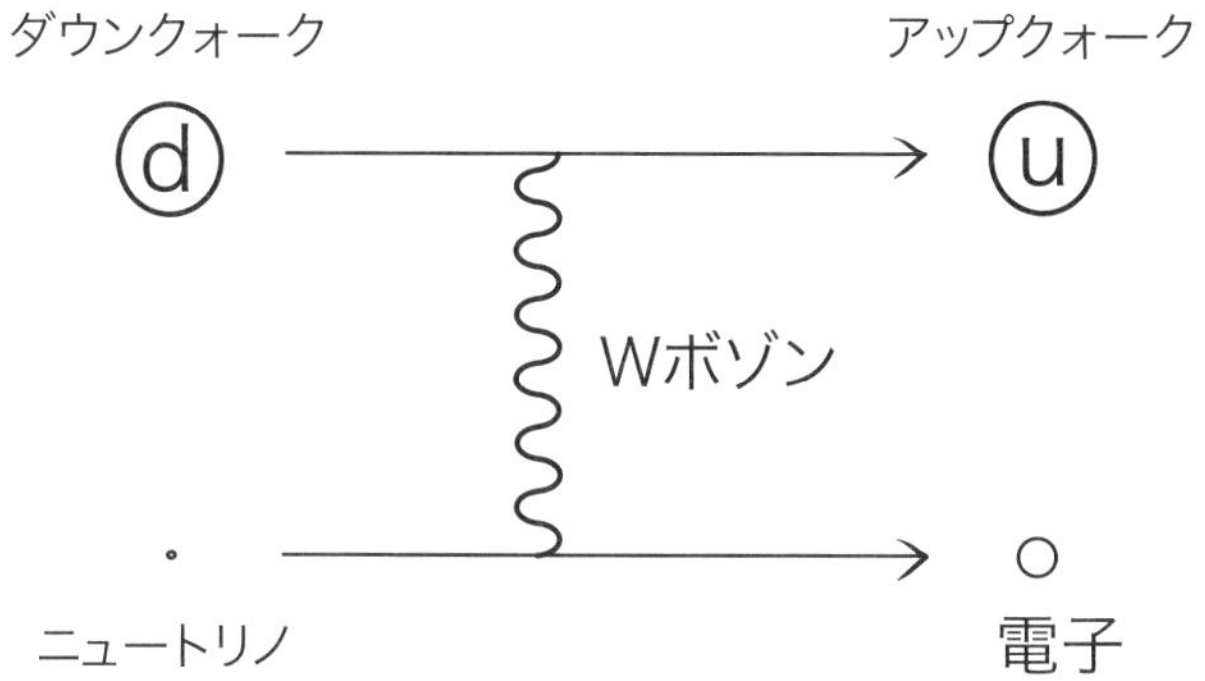

［図14］電磁気の力は光子が伝えるように、弱い力はWボゾンが伝える。

ーク＋ニュートリノ→アップクォーク＋電子」と表現できます（図13）。

　フェルミが考えた弱い力の理論では、このように、二つのフェルミオンが、別な種類の二つのフェルミオンに変化します。しかし、このフェルミ理論には問題がありました。この理論は、場の量子論の言葉を使って書かれているので、電磁場の場合と同じように、量子力学の原理を当てはめて計算をすると、実験と比較すべき量が無限大になってしまうのです。電磁気の場合には、朝永たちが開発したくりこみの方法で無限大の問題が解決されたのですが、フェルミ理論にはくりこみが使えないことはすぐにわかりました。そこで、フェルミ理論を修正する必要が出てきます。

　これを解決するために提案されたのが、弱い力を伝えるボゾン粒子でした。電磁気力には、それを伝える光子というボゾンがあり、これがあるためにくりこみ理論がうまく使えます。そこで、弱い力の場合にも、粒子同士がボゾンをやり取りすることで、力が伝わるとしたらどうかというアイデアでした。この媒介役となる粒子が、のちに発見されたWボゾンとZボゾンです。

では、先ほどの反応を、Wボゾンを使って考えてみましょう。わかりやすくするために、ファインマンが開発した、ファインマン図を使って図解します。図14では、ダウンクォークがWボゾンを一つ放出することで、アップクォークに変身しています。そして、放出されたWボゾンを吸い込んだニュートリノが電子に変身する様子が描かれています。これが、弱い力の働きによって起こる変化です。

六学年、各二クラスに分かれているクォークの小学校

弱い力の働き方をさらによく理解するためには、クォークのことをもう少し詳しく説明しておかなければいけません。

ここまで、クォークには「アップ」と「ダウン」の二種類があるとしてきました。陽子や中性子も、またその間に核力を伝えるパイ中間子も、アップとダウンの二種類のクォークでできていますから、物質の成り立ちを説明するにはそれだけで十分なはずです。

しかし実際には、それ以外に四種類、合計六種類のクォークが存在することがわかりました。

宇宙線の観測や加速器実験などによって、ストレンジクォーク、チャームクォーク、ボトムクォーク、トップクォークなどを含むハドロン（陽子、中性子、中間子などクォークからできている粒子）が次々に検出されたのです。

しかしクォークの分類方法はそれだけではありません。前章で述べたとおり、同じアップクォークにも、赤・青・緑という「色」の違いがあります。この分類法は、小学校のクラス分けにたとえるとわかりやすいでしょう。

強い力

一年生＝アップ	：赤組	青組	緑組
二年生＝ダウン	：赤組	青組	緑組
三年生＝チャーム	：赤組	青組	緑組
四年生＝ストレンジ	：赤組	青組	緑組
五年生＝トップ	：赤組	青組	緑組
六年生＝ボトム	：赤組	青組	緑組

弱い力

といった具合に、六つの学年が、それぞれ三つのクラスに分かれていると考えるのです（強い力と弱い力の矢印については、次の節で説明します）。

弱い力はクォークの「学年」を入れ替える

ここまでクォークの分類を整理したところで、強い力と弱い力の違いを考えてみましょう。強い力が変えるのは、各学年の赤・青・緑の「組」だけです。赤組を青組に変えたり、青組を緑組に変えたりはしますが、その「学年」を変えることはありません。

それに対して、弱い力は「組」を変えることはありませんが、「学年」を変えてしまいます。たとえば「中性子→陽子」の変化では、ダウンクォークがアップクォークに変身していました。ここでは、二年生が一年生になっているわけです。

同じ「学年」の粒子は質量や性質などが同じですから、強い力の働きは比較的わかりやすいものだと思います。前章でお話ししたように、クォークの赤・青・緑は正三角形の頂点に名前をつけたようなものです。正三角形全体を一二〇度回転させれば頂点は入れ替わりますから、そんなに大した変化ではありません。小学校でも「クラス替え」は毎年ふつうに行われます。

しかし、小学校で「学年」を入れ替えることはまずありえません。そんな変化を当たり前のように起こすのが、弱い力にほかなりません。「学年」の違う粒子は質量も電荷も異なるので、入れ替えるとすぐにわかります。このように、性質の違う粒子を入れ替えるというのが弱い力の特徴です。強いて言えば、クォークの小学校の飛び級や落第のようなものでしょうか。

ところで、読者の中にはクォークの世代という言葉を聞いたことがある人もいることでしょう。第一世代というのはクォークの一年生と二年生、第二世代は三年生と四年生、第三世代は五年生と六年生のことです。つまり、クォークの世代とは、小学校の低学年、中学年、高学年のことです。なぜこのように二学年ずつまとめて世代と呼ぶかというと、弱い力は一つの世代の中の粒子を交換するように働くからです。

弱い力は中学生と高校生も入れ替える

クォークだけではありません。弱い力はニュートリノと電子も入れ替えますが、こちらも質量や電荷に違いがあります。たとえば、ニュートリノは名前のとおり電気的に中性であるのに対して、電子は電荷が−1です。

クォークが六種類あったように、電子やニュートリノにも、各々三種類が見つかっています。たとえば、電子と同じ電荷を持って、質量が異なる粒子にミュー粒子（ミューオンとも呼ばれます）とタウ粒子があります。また、電子、ミュー粒子、タウ粒子に対応して、おのおのニュートリノがあります。これを電子型ニュートリノ、ミュー型ニュートリノ、タウ型ニュートリノと呼びます。

クォークには六種類あったので、小学校の六学年にたとえましたが、電子とニュートリノは各々三種類あるので、中学と高校にたとえるとよいかもしれません。

弱い力
↔
中学一年生＝電子
高校一年生
＝電子型ニュートリノ

中学二年生＝ミュー粒子
高校二年生
＝ミュー型ニュートリノ

中学三年生＝タウ粒子
高校三年生
＝タウ型ニュートリノ

弱い力は、中学一年生と高校一年生を、中学二年生と高校二年生を、また、中学三年生と高校三年生を入れ替えるのです。

ところで、クォークの小学校では、各学年に赤組、青組、緑組の三クラスがありましたが、中学と高校は、各学年一クラスのみです。素粒子の世界では中学進学率が悪いのでしょうか。いずれにしても、中学・高校には色のついたクラスがないので、赤・青・緑を入れ替える強い力は働きません。一方、弱い力は中学と高校を入れ替えるように働きます。つまり、素粒子の中学生（電子など）や高校生（ニュートリノ）は、弱い力は感じますが、強い力は無視するのです。

標準模型はなぜ六―三―三制になっているのか

このように、素粒子の標準模型に含まれる電子やクォーク、ニュートリノなどのフェルミオンは、六－三－三の一二年で分類されます。しかし、なぜこんなにたくさんの学年が必要なのかはわかっていません。

私たちが普段目にする物質は、すべて陽子と中性子、それらを結びつける核力の原因となるパイ中間子、そしてそれらが作る原子核の周りを回る電子で説明できます。原子のベータ崩壊の説明には電子型ニュートリノが必要なので、それも含めるとしても、小学校の一・二年生（アップとダウンクォーク）、中学一年生（電子）、高校一年生（電子型ニュートリノ）を含む、二－一－一制で十分なはずです。なぜ、素粒子の世界は、日本の学校制度と同じ六－三－三制になっているのでしょうか。

二－一－一制に含まれない素粒子の中で最初に見つかったのは、ミュー粒子でした。原子核の磁気的性質の測定でノーベル賞を受賞し、CERNの設立にも尽力したイザドール・ラビは、ミュー粒子の存在が確認されたときに、「こんなもの誰が注文したんだ」と文句を言ったそうです（大学の近くの中華料理店で、気に入らない料理が運ばれてきたときの発言が誤って伝えられたとも言われています）。たしかに、二－一－一制に含まれない素粒子は必要ないように思えます。

なぜ六－三－三制なのかを説明する今のところ唯一のヒントは、二〇〇八年にノーベル賞を受賞した小林誠と益川敏英の理論です。誕生したばかりの宇宙には、粒子と反粒子がありました。このときに、もし粒子と反粒子の数が等しかったとすると、宇宙の進化の過程ですべての粒子と反粒子は対消滅してしまい、宇宙は物質のない無の世界になってしまったはずだと考えられています。実際には宇宙には物質があるので、粒子の数は反粒子の数よりも多かったはずです。なぜこのような違いが生まれたのかは、宇宙論の大きな謎になっています。小林－益川理論の詳細についてここでご説明することはできませんが、この理論（とそのニュートリノへの拡張）に謎を解くヒントがあると思われています。そして、この理論が成り立つためには、クォークの小学校に少なくとも六学年が必要なのです。

第一章のはじめに、ライプニッツの「なぜこの世界は無ではなく、そこに何かが存在しているのか」という言葉を引用しましたが、六－三－三の一二年は、この世界が無でないために必要なのかもしれません。

ところで、素粒子の標準模型のフェルミオンが六－三－三制の小中高校の生徒に対応するとすると、大学生や大学院生はどうなっているのかが気になります。最近の宇宙の観測によると、標準模型の素粒子は宇宙のほんの五パーセントしか占めておらず、残りの九五パーセントは、まだ正体のよくわかっていない暗黒物質や暗黒エネルギーであるとされています。素粒子の世界の大学や大学院で勉強しているのは、暗黒物質や暗黒エネルギーなのかもしれません、というのは半分冗談です。

対称性がないのでヤン－ミルズ理論が使えない

強い力は赤、青、緑で色分けされた同じ性質の粒子を入れ替えるだけなのに、弱い力は異なる性質の電子やクォーク、ニュートリノを入れ替えます。それぞれの性格を感覚的な言葉で表現するなら、強い力の働きが「素直」に思えるのに対して、弱い力の働きは素直ではない、つまり「ひねくれている」といったところでしょうか。

そして数学には、そういう「素直さ」を表現する概念があります。「対称性」です。

何かを入れ替えてもその性質が変わらないとき、そこには「対称性がある」と言います。たとえば「左右対称」とは、左と右を入れ替えても変わりがないことです。十字架は左右対称ですが、神社の狛犬は向かって右が「あ」、左が「うん」と口の形が違うので左右の対称性はありません。神社の狛犬は、左右対称性がない。「対称性が破れている」のです。

強い力による粒子の入れ替えは、正三角形を回転させるようなものでした。一二〇度ずつ回転させているかぎり、正三角形は常に同じ形ですから、そこには明らかに対称性があります。対称性のあるもの（つまり性質の変わらないもの）を入れ替えているから、「素直」な反応だと思えるわけです。

それに対して、弱い力が入れ替える素粒子は、電子やニュートリノのように、異なる性質を持つ。いわば、左右の狛犬を入れ替えてしまうようなもので、対称性がないのです。

これは、理論的に困ったことでした。というのも、ヤン－ミルズ理論から導かれる力は、対称性のあるもの同士を入れ替えるように働くからです。そのため、強い力がクォークの「色」を入れ替えることは、ヤン－ミルズ理論で直ちに説明できます。しかし、弱い力は、クォークの学年を入れ替えたり、電子とニュートリノを入れ替えるので、ヤン－ミルズ理論はそのままでは使えない。対称性がないのに無理やり使おうとすると、理論が悲鳴を上げて意味のない答えを出してしまいます。弱い力は一筋縄ではいかないのです。

これは、本章の最初でお話しした『美女と野獣』のたとえが当てはまる事情だと言えるでしょう。強い力は対称性のある色を入れ替えるので「美しい」が、弱い力は対称性がない学年を入れ替えるので「醜い」のです。

実は、野獣が本当は王子様だったように、弱い力にも美しい対称性が隠されています。しかしこの話は次章以降に譲ることにしましょう。ここではもう少し、弱い力の不思議について話ししておかなければいけません。

「弱い力を伝える粒子には質量がある」という謎

弱い力には、ヤン＝ミルズ理論で説明のつかない性質がもう一つありました。前章でも少し触れましたが、それは弱い力を伝える粒子に「質量があること」です。

電磁気力の力は遠くまで伝わります。たとえば、方位磁石は地球上どこにいても南北を指しますが、これは北極や南極から発している磁気の力が私たちのいる場所にまで届いているということを示しています。そして、電磁気力がこのように遠くまで届くということと、この力を伝える光子に質量がないことは、密接に関係しています。もし光子に質量があれば、その力は距離が大きくなると急激に（専門家の言葉遣いでは指数関数的に）減衰してしまいます。

一般に、ヤン＝ミルズ理論から導かれるボゾンには質量がありません。これは、そもそもパウリがヤンを問い詰めた問題でした。強い力の場合には、それを伝えるグルーオンがありますが、この粒子は自分自身の強い力でハドロンの中に閉じ込められて出てきません。そのため、グルーオンが質量を持たないように見えても、強い力は遠くまで伝わらないのです。

弱い力も、近い距離にしか届きません。これはベータ崩壊で陽子と電子がほぼ同じ場所から生成することからもわかります。しかし、弱い力では閉じ込めは起きません。もし閉じ込めが起きているのなら、弱い力に反応する電子が閉じ込められていてもよさそうなものですが、そのようなことは起きていないからです。

そこで、弱い力を伝える粒子は「重い」から、力が遠くに届かないと考えられるようになりました。弱い力のWボゾンは質量を持っているというのです。このような力にヤン－ミルズ理論は使えるのか。これが二つ目の謎です。

物理法則に「左右の区別」はないはずだったが……

先ほど弱い力はクォークの学年のように対称性がないもの同士を入れ替えるという話をしましたが、弱い力にはもう一つ奇妙な性質がありました。「パリティ」という対称性を壊しているのです。

パリティの対称性とは、ある物理法則にしたがって起きる自然現象が、それを鏡に映したように左右を入れ替えても同じ法則にしたがうということです。かつては、あらゆる物理法則にパリティの対称性があると考えられていました。つまり、物理現象を説明する基本法則には「左右の区別」はないと信じられていたのです。

それが覆されたのは、ある粒子の発見がきっかけでした。パウエルが宇宙線の中に湯川の予言したパイ中間子を発見した二カ月後に、マンチェスター大学のクリフォード・バトラーとジョージ・ロチェスターは別の新粒子を見つけました。しかし、パウエルたちがこの粒子の崩壊の仕方を調べてみると、奇妙なことがわかりました。この新粒子は、あるときには、二つのパイ中間子に崩壊し、またあるときには三つのパイ中間子に崩壊するというのです。一つの粒子がいろいろな崩壊の仕方をするのはよくあることで、それ自体は不思議ではありませんが、この場合には問題がありました。その頃までには、パイ中間子の性質がよくわかっていました。そして、もし一つの粒子が、二つのパイ中間子にも、三つのパイ中間子にも崩壊できるのなら、パリティの対称性と矛盾することが指摘されたのです。

そこで、これは一つの粒子が、二通りの崩壊の仕方をしているのではなく、実は二種類の粒子があるのではないかという考えが提案され、「タウ中間子」と「テータ中間子」という別々の名前も考えられました。「タウ中間子」が三つのパイ中間子に崩壊し、「テータ中間子」が二つのパイ中間子に崩壊するのなら、左右を入れ替えても同じ法則にしたがう。すなわちパリティの対称性と矛盾しないというのです。しかしこの二つの粒子は、電荷が同じで、しかも質量もぴったり同じだったので、別々の粒子だと考えると、それはそれで不思議です。

この問題は、「タウ－テータの謎」として多くの理論家を悩ませました。

結論から言うと、これは別々の粒子ではなく「K中間子」と呼ばれる同じ粒子でした。湯川のパイ中間子はアップクォークやダウンクォークと、その反粒子との組み合わせでできています。これに対し、K中間子はストレンジクォークを含む中間子だったのです。

ちなみに、ここで出てきた「タウ中間子」は、先ほどお話しした素粒子の中学三年生の「タウ粒子」とは何の関係もありません。パウエルの発見した「タウ中間子」と「テータ中間子」

［図15］李政道（1926-）と楊振寧（1922-）

が同じ粒子だということになって、K中間子と改名されたので、ギリシア文字のタウ（τ）が余りました。そこで、のちに中学三年生の粒子が発見されたときにこの文字を再利用して、「タウ粒子」と呼ばれるようになったのです。まぎらわしい話ですが、「素粒子の大豊作の時代」にギリシア文字が足りなくなってしまったので、再利用も仕方ありません（タウ粒子を発見したマーティン・パールは、ニュートリノを発見したライネスと、ノーベル賞を共同受賞します）。

では、K中間子のパリティの対称性はどうなっているのでしょうか。

衝撃！「左右の区別」がある物理法則が存在した

それまで、弱い力のパリティ対称性は実験で検証されていて、疑いがないと思われていました。ところが、李政道（リー・ジョンダオ）と楊振寧（ヤン・ジェンニーン）が、タウ－テータの謎を解くために、過去の実験結果をすべて洗い出したところ、そこで確認されているのは「強い力ではパリティは破れない」という事実だけだったことが明らかになりました。どの実験でも、弱い力がパリティを破るかどうかは確かめられていなかったのです。そこで二人は、弱い力がパリティ対称性を破っていることを予想する論文を発表しました。

この「ヤン」は、ヤン－ミルズ理論のヤンと同じ人物。一九五四年にヤン－ミルズ理論を考え出した彼は、二年後の一九五六年に、この大胆な予想を発表したのです。

もしそれが本当なら、物理学にとって衝撃的な話です。その二年前に持ち前の批判力を発揮したパウリは、このときも素直に受け入れませんでした。今回はリーとヤンに直接何かを言ったわけではありませんが、のちにCERNの所長になったビクター・ワイスコプにこんな手紙を書いています。

「神様が左利きのはずがない。実験で左右対称が確認されること（つまりパリティが破れていないこと）に大金を賭けてもいいよ」

しかし、正しかったのはリーとヤンの予想でした。実験

［図16］呉健雄（1912-1997）

を行ったのは、リーのコロンビア大学の同僚である呉健雄（ウー・ジェンシオーン）。日本人には男らしい名前のように見えますが、「マダム・ウー」の通称で知られる女性研究者です。ベータ崩壊実験のエキスパートである彼女は、コバルト60の崩壊現象を観察した結果、弱い力がパリティを破っていることを確認しました。ここで初めて、素粒子の世界で、「左右の区別」がある基本法則の存在が明らかになったのです。

実験結果を知ったパウリは、再びワイスコプに手紙を書きました。

「最初のショックから立ち直って、落ち着き始めたところだ。賭けをしなくてよかった。しかし、笑いものにはなった。別に困りはしないがね。今や、神様が左利きだったということが驚きなのではなく、強い力が左右対称であることが驚きだ」

パリティの破れの予言はこのように直ちに検証されたので、翌一九五七年に、リーとヤンはノーベル賞を受賞しました。その受賞講演で、ヤンは次のように語っています。

弱い力がパリティを保つかどうかは、実験で確認されていなかった。それなのに、弱い力はパリティ対称性を保つと、これほど長い間誤って信じられていたとは驚くべきことだ。もっと驚くべきは、今回の発見によって、私たちがこれまで信じてきた時間や空間の対称性が破られてしまうかもしれないということだ。しかし、私たちはそのような野望を持って研究をし、発見をしたわけではない。ただひたすら、K中間子の性質を理解しようと苦心惨憺していただけである。

　こうして偉大な発見を成し遂げたリーとヤンですが、残念なことに、ノーベル賞の受賞後に関係が悪化し、一九六二年には袂を分かってしまいました。シカゴ大学の同級生として知り合って以来、一六年間にわたって数多くの共同研究を続けてきた二人ですが、どうやらお互いに「パリティの破れ」を自分が先にひらめいたと思い込んでしまったようです。

　リーの還暦のお祝いに開かれた国際会議の議事録に記された彼自身の回想によれば、弱い力がパリティを破っている可能性をリーが指摘したところ、ヤンが強硬に反対した。そこでコロンビア大学まで来てもらい、昼食を取りながら議論して納得してもらった。とりあえず自分が見つけたことだけでも論文にしようと思っていたが、年長のヤンが「では一緒に論文を書こう」と言い出し、押し切られてしまったという話になっています。

　ところがヤンの論文選集に添えられた直筆のコメントでは、コロンビア大学の近くの中華料理店で議論したというところまでは同じですが、もし強い力でパリティを保ち、弱い力でパリティが破れていたら、タウ－テータの謎が解けることに先に気がついたのはヤンであるとなっています。リーは最初は反対したが、ついに納得して、二人で過去の実験を検証することにした。また、一六年間にわたる共同研究では年長の自分が指導的な役割だったとも書いています。ノーベル賞という名声によって、共同研究の対称性が破れてしまったのかもしれません。当時のことを、ヤンは次のように回想しています。

こうした名声は、残念なことに、私たちの関係にこれまでになかった要素を持ち込んできた。リーと私は、一九六二年四月一八日に、彼のオフィスで長時間にわたって語り合い、［シカゴ大学で大学院生として出会った］一九四六年以来の出来事を振り返った。……その数カ月後に、私たちは永遠に別れてしまったのである。……［この一六年間の友情は］私の人生で有意義なエピソードであった。苦悩もあったが、人生において意義のある出来事で痛みを伴わないものはほとんどない。

（ヤンの論文選集）

彼らのように強力な研究チームが関係を解消してしまったのは、本人たちだけでなく、科学の進歩のためにも残念なことだったと思います。

素粒子のスピンをフィギュアスケートからイメージする

この発見によってK中間子の謎は解けました。しかし、これによって素粒子物理学は新たな難題を抱えます。弱い力は、いったいどのような仕組みでパリティを破っているのか。

そのメカニズムを解明したのは、ファインマンとゲルマンでした。

彼らのアイデアを理解してもらうには、まず素粒子が持つ「スピン（自転）」という性質についてお話ししなければなりません。これはこの分野の専門家でも当初はなかなか納得できなかった概念ですが、心配ありません。素粒子が回転しているのだという大まかなイメージだけでもつかんでもらえば、これから先の話は理解できます。

まず、フィギュアスケートのスピンを思い起こしてください。スピンとは回転のこと。素粒子論で使うときには、回転の勢いのことを指します。素粒子は大きさのない点のようなものだと考えられていますが、回転の勢いがあるというのです。

ニュートンの力学では、動いているものは「運動量」を持っていて、そこに力が働かなければ、その運動量は変わりません。運動の「勢い」みたいなものだと思えばいいでしょう。そして回転運動をしているものにも、その回転の勢いを表す「角運動量」と呼ばれる量があります。外から力が働かないと、この回転の勢いも変わりません。このことを「角運動量が保存する」といいます。

たとえばフィギュアスケートの選手がスピンをするとき、左右に突き出した腕を折りたたむように体に引きつけることで、回転が速くなるのを見たことがあるでしょう。外から力が働いていないのに回転の様子が変わるので、不思議な感じがします。これが可能なのは、選手が回転しているときに保存されるのが、回転の速さではなく、回転の勢い＝角運動量だからです。この回転の勢いは、回転しているものの長さと、回転の速さの積として計算されます。腕を伸ばしているときにはゆっくり回転していても、腕を折りたたむと回転している部分の長さが縮むので、回転の勢いが変わらないために、回転のスピードが速くなるのです。

さて、一九二〇年代の半ばに量子力学が完成すると、原子のさまざまな性質を理論的に導くことができるようになりました。その過程で、原子の中で原子核の周りを飛び回っている電子が、回転の勢いを持っているという証拠が見つかってきたのです。その状況を振り返ってみましょう。

時計回りと反時計回り、電子には二種類の状態がある

素粒子物理学にこのスピンという概念を導入するきっかけを作ったのは、本書ではもはやお馴染みのパウリです。彼は完成途上の量子力学を使って原子の構造を説明する理論を提唱しました。前に、複数のフェルミオンを同じ状態に重ねることはできないという話をしましたが、これは、実はパウリが原子の周期律表を説明するために提案した原理です。一つの電子が入っている状態には、他の電子は入れないというので、これは「排他原理」と呼ばれています。こ

の原理の発見によって、パウリは一九四五年にノーベル賞を受賞しました。

実は、原子には排他原理と矛盾するように思われる性質がありました。電子はフェルミオンなので、一つの状態には一個しか入らないはずです。しかし、原子の中の電子軌道には、一つの軌道に電子が二個ずつ入らないと、周期律表がうまく説明できないことがわかったのです。

たとえば、量子力学の方程式を解くと、原子の中の一番エネルギーの低い軌道は一つしかないことがわかります。もし一つの軌道に一個の電子しか入れられないのなら、二個の電子を持つヘリウムの場合、どちらかの電子は押し出されて、エネルギーの高い軌道に移らなければならなくなります。これでは、周期律表の一段目に水素とヘリウムが並んでいることが説明できません。そこで、パウリは、一つの軌道には、一個ではなく二個の電子を入れることができると考えました。この規則を採用すると、リチウムから始まる周期律表の二段目も、ナトリウムから始まる三段目もうまく説明できることは、第二章でお話ししました。

なぜ一つの軌道に二個の電子が入るのか。

パウリは、電子には各々の軌道に「二種類の状態」があると主張しました。そうすれば、二個の電子を一つの軌道の違う状態に入れることができるというわけです。ところがパウリは、その「二種類の状態」が何なのかを説明しませんでした。量子力学の計算と、周期律表の辻褄を合わせるためにパウリが勝手に作った規則で、とにかく電子に二種類の状態があればうまくいく、と言っただけです。

ご都合主義的な説明ですが、弱冠二四歳ですでに理論物理学の権威となっていたパウリの言うことですから、放っておくわけにはいきません。コロンビア大学の大学院生だったラルフ・クローニッヒは、翌年ドイツのテューービンゲン大学を訪ねたときに、パウリのアイデアを知ります。そこで、電子は自転していて、回転の向きが異なる二つの状態があるのではないか。これがパウリの提案した二つの状態ではないかと思いつきました。

しかし、クローニッヒは、うっかりそれをパウリ自身に相談したために、「現実の世界とは何の関係もない」と一蹴されてしまいます。クローニッヒの考えは、電子が実際に回転しているというものでした。しかし、角運動、すなわち回転の勢いというのは、回転しているものの長さと回転の速さの積です。電子には大きさがないので、長さはゼロ。そうすると、回転の勢いを持つためには、無限大のスピードで回転していなければならないことになります。

そのためクローニッヒのアイデアは日の目を見ませんでした。しかし、その数カ月後、オランダのジョージ・ウーレンベックとサミュエル・カウシュミットが同じ考えにたどり着き、こちらはパウリに相談せずに発表しました。実はこの二人も、論文を投稿してから、物理学の重鎮であるヘンドリック・ローレンツにこの話をしたところ、パウリと同様の指摘を受けます。そこであわてて論文を取り下げようとしましたが、間に合わずに、論文は印刷されてしまいました。それで、ウーレンベックとカウシュミットが、素粒子のスピンの提唱者ということになっているのです。

　さらにパウリ自身も一九二七年に考えを変えます。

量子力学では、さまざまな量に「最小の単位」というものがあります。たとえば、プランクの量子論では、光のエネルギーに最小の単位がある。これを担うものが、光子と呼ばれる粒子でした。この点について深く考えたパウリは、量子力学を正しく使うと、回転の勢いにも最小単位があることに気がつきました。

　ニュートンの力学では、長さや回転の速さを変化させていくと、角運動量が連続的に変化することになります。しかし、パウリは、いろいろな量がとびとびの（離散的な）値を取る量子力学では、これを考え直さなければならないことに気がつきました。そして、大きさを持たない電子でも、量子力学で許される「最小の単位」の角運動量なら持っていてもよいことに気がついたのです。この角運動量の最小単位のことを、スピンと呼びます。

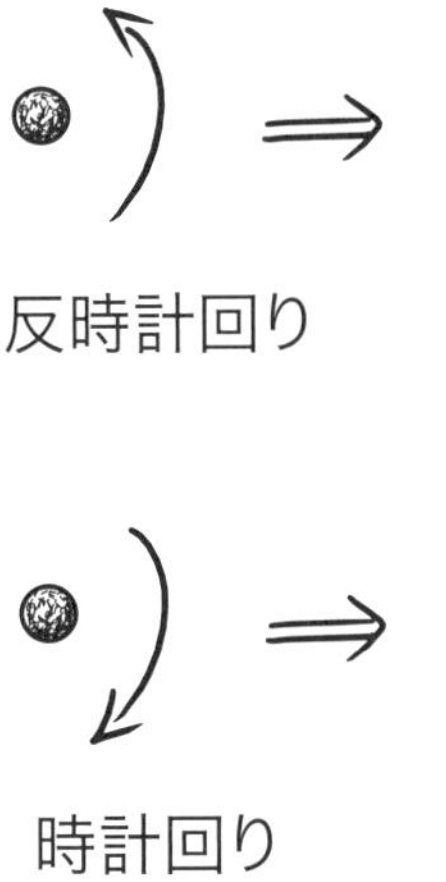

［図17］フェルミオンは二通りのスピンを持つことができる。

電子には、進行方向に向かって時計回りの回転に対応するプラスのスピンと、反時計回りの回転に対応するマイナスのスピンという、二種類のスピンの状態がある。これによって、原子の中の一つの軌道に、二つまでの電子を入れることができるというパウリの規則が説明できるようになりました。

弱い力は時計回りのスピンを持つ粒子だけに働く!

さて、話をパリティの破れに戻しましょう。

角運動量の最小単位であるスピンは、電子だけでなく、クォークやニュートリノにもあります。実は、標準模型に含まれるフェルミオンは、すべて最小単位のスピンを持っています。そのスピンは、粒子の進行方向に向かって時計回りだったり、反時計回りだったりする。

そこで、ファインマンは、時計回りのスピンを持つ粒子だけに弱い力が働くとしてはどうかと考えました。

パリティ対称性とは、「鏡に映した世界の現象も同じ物理法則にしたがう」ということでした。しかし、時計回りの粒子を鏡に映した場合、それは反時計回りになります。弱い力が、時計回りのスピンを持つ粒子だけに働くのなら、鏡に映した世界では、反時計回りのスピンを持つ粒子だけに働いている。つまり鏡のこちら側と向こう側で物理法則が異なるわけで、弱い力はパリティ対称性を破っていることになるのです。

ファインマンはこのアイデアを思いついたときの心境を、こう語っています。

「私は興奮した。ほかの誰も知らない自然界の基本法則を私だけが知っていたのは、私の研究人生の中でもこのときだけだった」

ファインマンはそれまでにも、ノーベル賞の受賞対象となるくりこみ理論を考え出しています。しかし本人は、くりこみの仕事は、ほかの研究者が作った理論を数学的に整備しなおしただけだと考えていたのです。

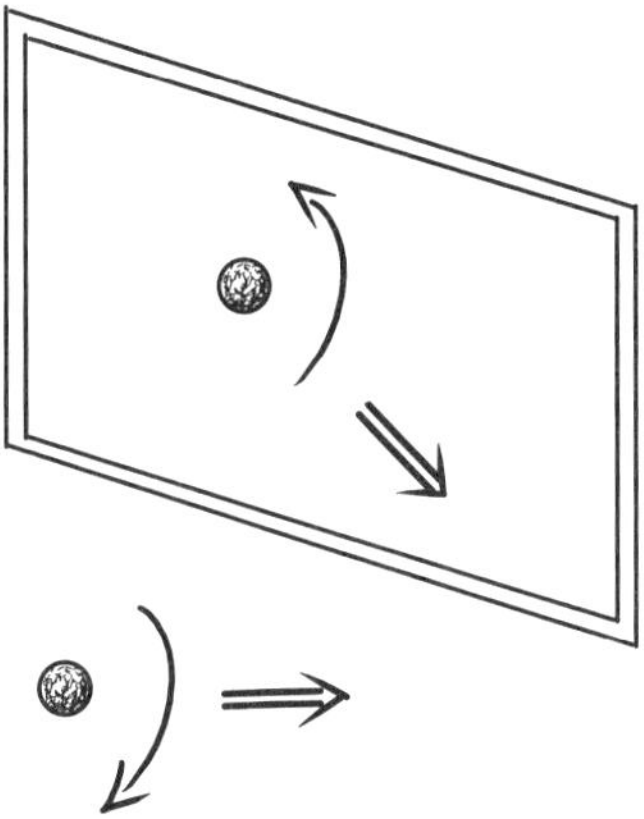

［図18］時計回りのスピンの粒子を鏡に映すと反時計回りのスピンを持つように見える。

残念ながら、このパリティの破れに関する理論は、「ほかの誰も知らない基本法則」ではありませんでした。ゲルマンも同じアイデアを思いつき、ファインマンとほぼ同時に論文を書き始めていたのです。しかも二人はカリフォルニア工科大学の同僚で、オフィスは秘書室をはさんで隣同士。実は現在、私は当時ゲルマンが使っていたオフィスにいるので、その近さはよく知っています。

［図19］マレー・ゲルマン（1929-）とリチャード・ファインマン（1918-1988）

ゲルマンは、もともとファインマンの科学者としての力量に惹かれて、カリフォルニア工科大学に着任したのですが、洗練された趣味の人だったので、ファインマンのショーマンシップが鼻についてきたようで、当時はすでに仲が悪くなっていました。この二人が同じ内容の論文を競って書いているとなったら、かなり険悪な空気が流れるでしょう。

その状態を見かねた学部長の仲裁によって、結局彼らは共著論文を書くことになりました。しかし二人の間には、その後しこりが残ったようです。

また、これは後でわかったことですが、彼らと同じアイデアを、同じ時期にジョージ・スダルシャンとロバート・マルシャックというコンビが会議で発表していました。そのため現在は、ファインマン－ゲルマンとスダルシャン－マルシャックの二組が、この法則を独立に発見したことになっています。フアインマンは、「ほかの誰も知らない基本法則」を発見したと思っていたのに、隣室のゲルマンもそれを知っていた。そして、無理やり共著の論文を書かされたと思ったら、別のグループも発表していたということで、「同時多発的発見」が二重に重なってしまった例と言えるでしょう。

電子やクォークに質量がなければいい!?

しかし、話はこれで終わりではありません。弱い力がどのようにパリティを破っているのかはわかりましたが、この仕組みとヤン=ミルズ理論を組み合わせようとすると、困った問題が起きたのです。

ヤン=ミルズ理論では、素粒子がボゾンをやり取りすることで力が伝わります。たとえば、強い力に応用すると、クォークがグルーオンを放出したり吸収したりするときに、色が変わり、それに伴って、クォークの間に引力が働きます。弱い力の場合には、WボゾンやZボゾンをやり取りすることで、アップクォークがダウンクォークになったり、ニュートリノが電子に変わったりします。

そこで、ファインマンとゲルマンのアイデアをヤン=ミルズ理論と組み合わせると、WボゾンやZボゾンを放出したり受け取ったりできるのは、進行方向に向かって時計回りのスピンを持つ粒子だけということになります。

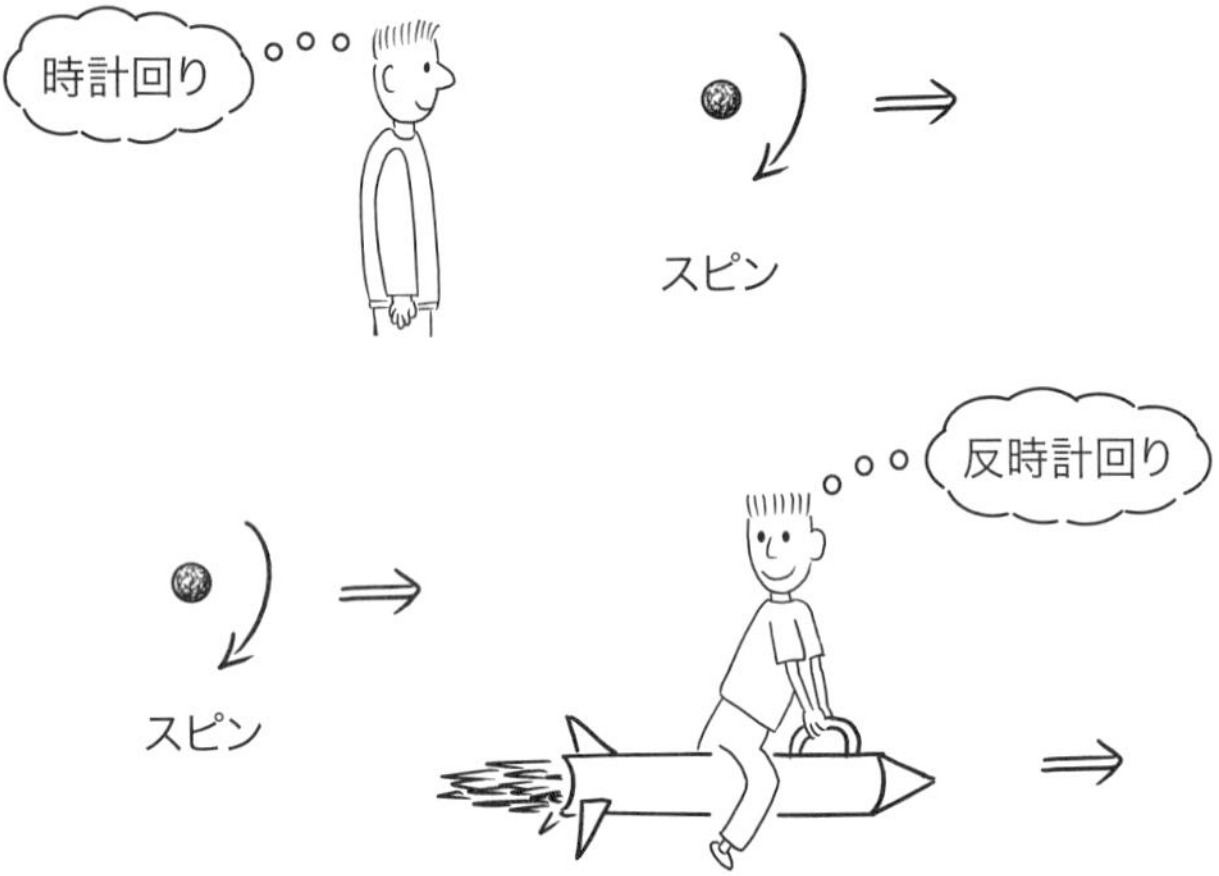

［図20］時計回りのスピンの粒子を追い越し振り返って見ると、反時計回りのスピンを持つように見える。

ところが、ここで問題が起きます。

進行方向に向かって時計回りのスピンを持つ粒子があったとしましょう。それを見ている人が、粒子よりも速く走って、追い越したところで振り返ります。粒子よりも速く走っているので、粒子は反対方向に遠ざかっているように見えるはずです。しかし、スピンの回転方向は変わらないので、粒子の進行方向に向かって時計回りのはずだったスピンが、追い越してから見ると反時計回りのスピンになってしまいます。

次に、この時計回りの粒子がWボゾンを放出しながら走っているとしましょう。これを、粒子より速く走っている人が観測すると、反時計回りの粒子がWボゾンを放出しているように見えるのです。

物理法則は、どの観測者から見ても同じである必要があります。観測の仕方によって変わるのでは、法則とは呼べません。では、どうすればいいのか。実は、この問題を理論的に解決する方法が一つだけありました。

電子やクォークに質量がなければいいのです。

一九〇五年に発表した特殊相対論で、アインシュタインは物質の速度が光速を超えられないことを明らかにしました。そして、光速で移動できるのは光子など質量のない粒子だけです。そして、質量がゼロの粒子は誰も追い越すことができない。電子やクォークに質量がなければ、これらの粒子は常に光速で走っているので、追い越して振り返って見ることはできません。時計回りのスピンを持つ粒子は、誰が観測しても時計回りということになります。

粒子が質量を持たなければ、「時計回りのスピンを持つ粒子だけがWボゾンやZボゾンを放出したり受け取ったりできる」という法則を立てても、矛盾しないのです。

そんな馬鹿な話があるものか！　と思われるでしょう。電子やクォークは、現に質量を持っているではありませんか。現実をまったく無視した仮定のように思えます。パウリに聞かれたら、どんな目にあうかわかりません。

弱い力をめぐる三つの謎

本章を閉じる前に、弱い力の問題点を整理しておきましょう。解くべき謎は、三つあります。

《第一の謎》Wボゾンの質量

電磁気の力は、遠くに行くほど弱くなりますが、すぐにゼロになるわけではありません。そのため、たとえば磁石の力も離れたところに働くことができます。また、原子の電場の中では、電子は原子核の大きさの一〇万倍の範囲を動き回っています。ミクロのレベルで見れば、はるか彼方まで力が届いているのです。

それに対して、弱い力はきわめて近い距離でしか働きません。これは、中性子がベータ崩壊を起こすときに、陽子が出てくる場所と電子が出てくる場所がほとんど同じであることからもわかります。これは、弱い力を伝えるWボゾンが質量を持つということを意味します。実際、弱い力の働き方から、Wボゾンの質量は陽子の九〇倍程度と見積もられました。

しかしWボゾンが、電磁気を伝える光子の親戚のようなものだとすると、本来は質量がゼロのはずです。そのWボゾンが質量を持った仕組みを考えなければいけません。

ちなみに当時は、Zボゾンの存在は知られていませんでした。その存在と質量が予言されるのは、弱い力の隠された対称性が明らかになった後のことです。

《第二の謎》対称性のないものを入れ替える。

理論物理学者は、対称性を理論の美しさの目安と考えます。この見方からすると、弱い力は醜い。まず、リーやヤンが発見したように、弱い力はパリティの対称性を破ります。弱い力が働く様子を鏡に映すと、異なった働き方をしているように見えるのです。

しかし、この第二の謎では、もう一つの対称性が問題になります。それは、素粒子の種類を入れ替える対称性です。

前章で見たように、強い力が働くと、まったく同じ性質を持つ三色のクォークが入れ替わります。この場合にはヤン－ミルズ理論はうまく使えました。しかし弱い力は、アップクォークとダウンクォーク、電子とニュートリノのような、異なる種類の粒子を入れ替えます。ヤン－ミルズ理論は、対称性があるもの同士を入れ替えるようにできているので、そのままでは弱い力の説明には使えません。

《第三の謎》フェルミオンの質量

弱い力がパリティの対称性を破るのは、時計回りのスピンの粒子だけがWボゾンを放出したり吸収したりできるからだという説明が考えられました。しかし、電子やクォークなどのフェルミオンは質量を持っていて、光速よりも遅いので追い越すことができます。時計回りのスピンの粒子を追い越して振り返ると、反時計回りのスピンを持っているように見えます。時計回りのスピンの粒子だけを特別扱いする法則は、矛盾しているように思えます。

この三つの謎は、どれを取っても難問です。しかし、弱い力がこのように謎に包まれていたのは、『美女と野獣』の物語の野獣のように、魔法がかけられてその美しさが隠されていたからでした。そして、この魔法を解く最初の手がかりを与えたのが、南部陽一郎の「対称性の自発的破れ」の理論だったのです。

第五章 単純な法則と複雑な現実

――魔法使い・南部の「対称性の自発的破れ」

本章では素粒子の模型の話からいったん離れて、南部陽一郎が発想した「対称性の自発的破れ」について解説しましょう。この考え方は物理学のさまざまな現象の解明に使われてきました。素粒子の世界では、次章で説明するヒッグス場によって、対称性の自発的破れが起きます。そしてこれが弱い力の三つの謎の解決につながります。素粒子の具体的な話題が登場しないので、ここには粒子相関図を載せてありません。

自然界のいたるところで、対称性は自発的に破れている

二〇〇八年のノーベル賞授賞式で南部の業績を紹介したスウェーデン王立科学アカデミーのラース・ブリンクは、そのスピーチを「地球は丸い」という言葉で始めました。地球が丸いのは、重力がどちらの方向にも同じ強さで働くからです。これを、重力の働き方には回転の対称性があると言います。重力の法則が回転対称なので、地球は三角や四角になれないのです。

しかし、地球が完全な球体ではないのも事実です。そこには山もあれば、谷もある。重力の基本法則からは完全に対称な形が期待されるのですが、現実の世界では対称性が破れているのです。

もともとの重力法則には対称性があるのに、その法則にしたがって形成されたはずの地球の形は、さまざまな理由によって対称性を失ってしまった――こうした「対称性の自発的破れ」は、自然界のいろいろな場面に現れます。

鉛筆を尖った方を下向きにして机の上に立てようとしてみてください。どんなにがんばって釣り合いを取ろうとしても、結局はどちらかの方向に倒れてしまうはずです。鉛筆が倒れる前の状態には特別な方向はないように見えます。最初は回転対称だったのに、倒れてしまった後には鉛筆の向いている方向が決まるので、対称性が破れてしまうのです。あなたが意図して鉛筆が倒れる方向を選んだわけではないのに結果的に対称性が破れてしまうので、「自発的破

れ」と呼びます。

もう一つ、後で出てくる例をお話しします。一卵性双生児は受精した時点では全く同じDNAを持っているので、入れ替えについて対称性があると言えるでしょう。しかし、生まれた後には、それぞれ違う名前がつきます。それだけならクォークに「色」の名前がついたのと同じで、双子の入れ替えの対称性は保たれています。しかし、育つにつれて、顔つきや性格、行動パターンなどに違いが出てきます。そうなると、たとえば、友人を驚かそうと二人が入れ替わってみても、勘のよい人には気づかれてしまいます。これも双子の入れ替えの対称性が自発的に破れた例と言うことができます。

南部は、超伝導と呼ばれる現象について深く考え、その中に「隠された対称性」があることを見抜き、対称性の自発的破れの概念に到達します。そして、さらにこれを素粒子論に応用し、素粒子の質量について新しい見方を与えました。これがヒッグス粒子の予言につながります。これは、二十世紀の理論物理学において最も重要な発想の一つであったと私は思います。

南部がノーベル賞を受賞したときは、新聞の報道を見て「さっぱり意義がわからない」と思われた人も多いかもしれません。しかし、南部の理論は素粒子論の発展に貢献しただけでなく、きちんと理解するとおもしろく、また私たちの自然への見方を大きく変える考え方でもあります。

一般に西洋の古典美術では、建築にしろ絵画にしろ、対称性が整ったものを美しいとする傾向があります。たとえば左右対称性などの人工美を尊ぶフランス式庭園はその典型でしょう。これに対し、日本の美術では、人工的すぎるものはあまり好まれない。むしろ、対称性があらわでないものに情緒を感じることが多いように思います。自然法則は美しい対称性を持つが、それから導かれる現象では対称性が隠されてしまっているという南部の考え方は、私たち日本人の感受性によく合うものではないでしょうか。

本章では、南部の理論が素粒子物理学に与えたインパクトの大きさをおわかりいただけるように、できるかぎり丁寧に説明していきます。しかし、専門の物理学者でさえその意義を理解するのに何年もかかった理論なので、最初に読むときはつまずくこともあるかもしれません。話を見失いそうになったら、とりあえず次の章まで読み飛ばしていただいても大丈夫です。次章以降を読んで、標準模型の全貌を大まかに理解し、理論の背景をさらに詳しく知りたくなったら、戻ってきてください。

超伝導物質の中では、光が重くなる

南部理論にヒントを与えたのは、素粒子物理学とは畑違いの「物性物理学」と呼ばれる分野の研究でした。素粒子物理学は、自然界の最も基本的な法則を発見することを目的としますが、物性物理学ではすでに知られた法則を使って物質の性質を理解し、それを応用して新しい物質を作ることを目指します。「超伝導」は、その分野を代表するテーマの一つだと言えるでしょう。その超伝導のメカニズムを解明した理論が、南部に対称性の自発的破れを考えさせる契機になったのです。

超伝導研究の始まりは、十九世紀の終わり頃のことです。金属の温度を下げていくと電気抵抗が下がることから、絶対温度ゼロ度まで下げると抵抗もゼロに近づくのではないかと予想されました。

そして一九一一年に、オランダのカメルリング・オネスが、温度を下げて固体になった水銀をさらに冷やしていくと、絶対温度ゼロ度になる前、四・一九度になったところで電気抵抗が突然ゼロになってしまったのです。これが超伝導と呼ばれる現象で、この発見によりオネスは二年後にノーベル賞を受賞します。

超伝導状態の物体には不思議な現象がいろいろと起こります。その中でも、本書のテーマと深い関係があるのは一九三三年に発見された「マイスナー効果」、超伝導状態の物体の中に磁力線が入り込めなくなる現象です。そのため、超伝導物質の上に小さな磁石を置くと、入り込めない磁力線がその下に詰まってしまうので、ぷかぷかと浮かびます。

超伝導体の上で浮いている磁石の写真をご覧ください（図21左）。これを見ると、「磁石同士の

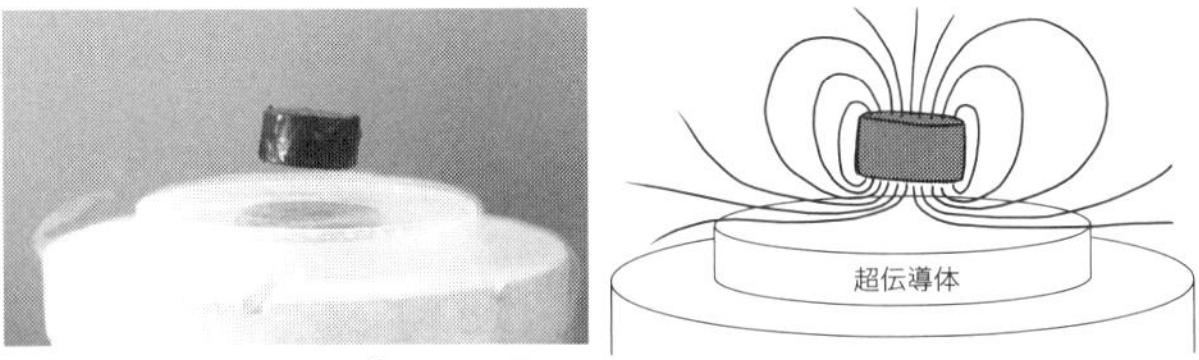

©Mai-Linh Doan

［図21］写真（左）で浮いているのは普通の磁石。台の上の白い容器の中にある黒い物体が超伝導物質。容器に液体窒素を注ぐと超伝導状態になる。右イラストに示したように、超伝導体の中には磁力線が入り込めないので、その上に置かれた磁石は浮いてしまう。

反発力で浮いているのでは？」と思う人もいるでしょう。しかし、もし下にも磁石があって、N極同士もしくはS極同士の反発で浮いているのだとしたら、浮いた磁石はすぐにひっくり返って、下の磁石とくっついてしまうはずです。ところが、そうはなりません。下に向けたのがN極だろうがS極だろうが、磁石はいつまでも浮いているのです。磁石が浮いているのは、超伝導体に入れない磁力線が、磁石と超伝導体の間に詰まっているからです（図21右）。

では、なぜ超伝導状態の物体には磁力線が入り込めないのでしょうか。

マイスナー効果が発見された二年後に、フリッツとハインツ・ロンドンの兄弟は、その説明に最初の一歩を踏み出します。彼らは、超伝導物質の中では「光が重くなる」と主張しました。電磁気の力を伝えるのは、その最小単位である光子であることはこれまで何度かお話ししました。電磁気の力が遠くまで伝わるのは、光子の質量がゼロだからです。しかし質量があると、遠くまで飛べないので、その力はすぐに減衰してしまいます。ですから、もし超伝導体の中では光子が質量を持つとすると、光子が超伝導体に入ったとたんに、電磁気の力が急ブレーキをかけたように弱まり、磁力線は超伝導物質の中に入り込めなくなるのです。

しかし、ロンドン兄弟は、光子が質量を持つようになれば、マイスナー効果が説明できると言っただけでした。どのような仕組みで光子が質量を持つのかは説明していません。

その仕組みについてはこれから解説していきますが、その前に、力を伝える粒子が質量を持つという話は、本書でこれまで何度か登場してきたことを思い出しておきましょう。

湯川秀樹がパイ中間子を予言したときには、核力の伝わる距離からその質量を見積もりました。また、弱い力も近い距離にしか伝わらないので、それを伝えるWボゾンが存在するのなら、それは質量を持たなければいけません。ヤン－ミルズ理論では質量を持たないはずのこの粒子が、なぜ質量を持つかというのは前章の最後にあげた三つの問題の一つ、《第一の謎》でした。

この謎を解くヒントがマイスナー効果だったのです。ロンドン兄弟の主張が正しく、超伝導体の中で光が質量を持つようになるのなら、弱い力を伝えるWボゾンが質量を持つ仕組みも、それと同じに考えられるのではないでしょうか。

［図22］超伝導理論を完成したジョン・バーディーン（1908-1991）、レオン・クーパー（1930-）、ロバート・シュリーファー（1931-）

若き日の南部陽一郎をとりこにしたBCS理論

さて、超伝導現象は二十世紀の初頭に発見されたものの、その原理はなかなかわかりませんでした。この現象を基本法則から説明する理論が打ち立てられたのは、発見から半世紀近くも経った一九五七年のことでした。素粒子論の分野ではリーとヤンがパリティの破れを予言した翌年です。

その理論は、ジョン・バーディーン、レオン・クーパー、ロバート・シュリーファー三人の共同研究によるものでした。そのため頭文字を取って「ＢＣＳ理論」と呼ばれており、一九七二年には三人でノーベル賞を受賞しています。

ちなみにバーディーンにとっては、トランジスタの開発に次ぐ二度目のノーベル賞でした。一度目の授賞式でスウェーデン国王のグスタフ六世に「なぜお子さんを全員同伴されなかったのですか」と聞かれたとき、バーディーンは「では、次回は全員連れてきます」と答えました。その時点ですでに超伝導の理論を考えていた彼にしてみれば、単なるジョークではなかったのでしょう。二度目は、本当に三人の子供全員を連れて授賞式に出席し、国王との約束を果たしました（グスタフ六世はその翌年に亡くなっています）。

南部がこのBCS理論と出会ったのは、当時まだ大学院生だったシュリーファーが南部のいるシカゴ大学のセミナーに来たときです。のちに南部は、そのセミナーが「感動と疑問の入り混じったものだった」と述懐しています。そして、大いなる疑問を持ちながらも「彼らの大胆さに魅惑されてBCS理論を理解しようとした結果、私はそのとりこになってしまった」のです。

実際、それは驚くべき内容を含んだ画期的な理論でした。

超伝導の仕組みを説明する前に、まず普通の金属の話をします。金属は電気をよく通しますが、それはその中に自由に動き回れる電子がいるからです。金属の中には、原子が行儀よく並んでいるのですが、個々の原子の中にある電子のいくつかが、もともとの原子を離れて、動き回れるようになっているのです。そこに電圧をかけると、電子は電場に沿って動き出し、これが電流となります。しかし、動いている電子は、ときどき原子にぶつかるので、抵抗が生じます。ですから、電圧をかけて電流が流れても、電圧を切ると抵抗のために電流も止まってしまいます。これが普通の金属です。

ところが、超伝導体では、抵抗が厳密にゼロになります。たとえば超伝導体を輪のような形に作っておくと、輪に沿っていったん流れ出した電流は、電圧を切っても止まることはありません。これを「永久電流」と呼びます。永久電流を使うと、普通では作れないような強力な電磁石を作ることができます。JR東海と鉄道総合技術研究所が開発を進めているリニアモーターカーでは、超伝導電磁石が使われています。また、ヒッグス粒子を発見したCERNのLHCでは、加速した陽子をコントロールするのに超伝導電磁石を使っています。このような超伝導体の中で、電子がどのような状態にあるかを明らかにしたのがBCS理論なのです。

オネスの実験のように、温度を下げていって金属が超伝導になる現象を考えましょう。一般に言って、温度が高い状態はエネルギーが高く、温度を下げていくとエネルギーも下がっていきます。

普通の金属の中では電子が自由に独立に動き回っているので、温度を下げていくと、各々の電子がエネルギーが一番低い状態に落ち着こうとします。しかし、電子はフェルミオンなので、すべての電子が一番エネルギーの低い軌道に入ることはできません。ではどうなるかというと、エネルギーが低い軌道から順番に電子が詰まっていきます（電子にはスピンがあるので、各軌道には二個の電子が詰まります）。このようにして、電子の数だけ軌道が詰まったものが、金属の一番安定な状態だと言えます。これを金属の最低エネルギー状態と呼びます。

もし、電子の間に働く力が無視できるのであれば、これで話は終わりです。

ところが、電子はマイナスの電荷を持っているので、電子の間にはもちろん電磁気の反発力が働きます。普通の金属の場合には、電子の間の力は無視してもかまわないことが、理論的にも実験的にも証明されています。そのため、電子が自由に動き回っていると見なして計算をしても、金属の性質がうまく説明できるのです。

しかし、温度を下げていくと様子が変わります。原子の振動で伝わる力が重要になるのです。金属の中には原子がきちんと並んでいます。電子が通るとその原子が少し振動し、この振動が別の電子にとどくことで力が伝わるのです。温度が高いと熱振動のためにこの効果はかき消されてしまいますが、温度が低くなると電子の間にこのような力が働くようになります。

しかも、この振動による力は、直感に反するかもしれませんが、電子の間に反発力ではなく引力として働きます。同じマイナスを持つ電子同士が、引き付け合うのです。そこで、バーディーンたちは、電子の間にこのような引力があるときに、電子の状態はどうなるだろうかと考えました。

超伝導状態の中では、電子の数が決まっていない

バーディーンたちが提案した電子の状態はとても奇妙なものでした。普通の金属の場合のように決まった数の電子がエネルギーの低い順に軌道を埋めていくのではありません。超伝導状

態の中では、電子の数が決まっていない。異なる電子数の状態に「同時に存在する」というのです。

ミクロの世界を扱う量子力学では、このような不思議な話が少なくありません。それを端的に表現したのが、有名な「シュレディンガーの猫」という思考実験です。実験室で実際に行うのではなく、頭の中で考える実験なので、「思考実験」と呼びます。物理学では、理論の意味を考える上で、しばしば使われる方法です。

この思考実験ではまず蓋のある箱に放射性物質のラジウムを入れ、これが放射線を出すとガイガーカウンターが感知し、水飲み用の食器にミルクが注がれるようになっているとします。この思考実験を考えたエルビン・シュレディンガーの論文では、致死量のシアン化水素（青酸ガス）が発生することになっていますが、それではかわいそうなので、本書では子猫の好きなミルクをあげることにします。箱に空腹の子猫を一匹入れて、蓋を閉める。ラジウムが放射線を放出すれば、ミルクが注がれて子猫はお腹がいっぱいになります。しかし、ある一定時間内にラジウムが放射線を放つかどうかは、確率でしかわかりません。では、蓋を閉めたままにしておいたとき、一時間後の箱の中では、子猫は満腹になっているでしょうか、それともまだお腹をすかせているのでしょうか。

もちろん蓋を開けて観測すればどちらかわかりますが、蓋が閉まっている状態では不明です。

常識的に考えると、蓋を開けるか開けないかにかかわらず、満腹なら一〇〇パーセント満腹だし、空腹なら一〇〇パーセント空腹のはずでしょう。「半分満腹、半分空腹」などということはありえません。蓋が閉まっていて見えないだけで、蓋を開ける前から、どちらか一方に決まっているのだと考えるのが普通の考え方です。しかし量子力学では、蓋を開ける前の子猫は「満腹と空腹という二つの状態に同時に存在する」と解釈します。蓋を開けて中をのぞいた瞬間に、満腹か空腹かが決定されるというのです。

シュレディンガーは量子力学の完成に重要な役割を果たし、波動方程式に名を残しています。しかし、「異なる状態に同時に存在できる」という解釈には納得できず、いかにばかげたものであるかを訴えるためにこのような思考実験を考えました。たしかに常識とはかけ離れた現象ですが、今日では、量子力学の世界では本当にこのようなことが起きると考えられています。

とはいえ、このシュレディンガーが考えた実験を、実際に行うことは困難です。箱の中の子猫が二つの状態に同時に存在できるためには、外部からの雑音を完全に断ち切らなければいけない。少しでも外部との接触があると、その瞬間に子猫は、満腹の状態か空腹の状態か、どちらか一方の状態に一〇〇パーセント落ち着いてしまうのです。

そのため、シュレディンガーの猫の実験は単なる思考実験で、理論的には考えられるが、実現はできないと考えられていました。しかし、低温実験やレーザーなどのハイテク技術の発達で、子猫ではまだ無理ですが、代わりに数個の原子や光子を使って、シュレディンガーの猫と実質的に同じ実験を、頭の中だけではなく、実際に実験室で行うことができるようになりました。二〇一二年度のノーベル賞は、このような量子力学の実験技術の進歩に大きく貢献したフランスのセルジュ・アロシュと米国のデイビッド・ワインランドに与えられています。

シュレディンガーの猫の話は本当に不思議で、私も考えていると、理解した状態と理解していない状態の両方に存在しているような気になるときもありますが、アロシュやワインランドらの実験で実際に起こることが確かめられているので、受け入れざるを得ません。

超伝導のBCS理論に話を戻しましょう。シュレディンガーの猫が、満腹と空腹のどちらでもない、二つの状態に同時に存在したように、超伝導状態の物質は、電子の数が異なる状態に同時に存在しているというのがバーディーンたちのアイデアでした。子猫が満腹か空腹かわからないように、超伝導状態では電子の数がわからないというのです。そして、電子の間の引力を計算に入れると、このような奇妙な状態のほうが、電子の数が決まっている状態よりも、全体のエネルギーが低くなることを示したのです。

付和雷同しやすい人たちが体育館に集まるとどうなるか

そもそも、普通の金属の中には決まった数の電子があったはずです。しかし、金属を冷やしていくと、ある温度で（オネスの実験では絶対温度四・一九度で）、突然超伝導状態になる。そして、BCS理論は、超伝導状態では電子の数が決まらないと言っています。金属の中の電子の数は、いったいどうなったのでしょうか。シカゴ大学のセミナーでこの理論のことを聞いた南部も、この点を不審に思いました。実際、後になって、

［図23］南部陽一郎（1921-）

何より私をいらだたせたのは、［BCS理論が］電子の数を保存しないことである。

と回顧しています。しかし、「彼らの大胆さに魅惑され」た南部は、その後二年間をかけてBCS理論を理解しようと努めます。そして、超伝導状態の本質が、対称性の自発的破れにあることを見抜きました。

南部は、どのようにして対称性が自発的に破れていることに気がついたのでしょうか。

そのヒントの一つとなったのは、二十世紀前半にドイツで活躍した数学者エミー・ネーターの仕事ではないかと、私は想像しています。ネーターは、代数学などの抽象的な数学を専門としていましたが、アインシュタインの重力研究に触発されて、理論物理学にも興味を持ちます。

そして、エネルギーや粒子の数などの物理量が保存する場合には、その背後の自然法則が対称性を持っているという一般的な規則を見つけました。この規則は、彼女の名前を取って「ネーターの定理」として知られています。

ネーターの定理によると、電子の数が保存するときには、それに関係する何らかの対称性があるはず。そうすると、超伝導で「電子の数が保存しない」のは、この対称性が壊れてしまったからではないか。私の後講釈ですが、南部はこのように考えたのかもしれません。

南部は、ノーベル賞の受賞記念講演で、対称性の自発的破れを、次のようなたとえで説明しています。

広い体育館の中にたくさんの人々が並んで立っていると思ってください。この体育館は完全な円形で、壁には時計もなければバスケットボールのゴールやステージもありません。したがって、どちらを見ても風景は同じ。つまり回転対称の状態です。

特別な方向がないので、そこに立っている人々はどちらを向いてもよさそうです。ところが彼らは付和雷同しやすい性格で、周りの人たちと同じ方向を向きたがる。最初はバラバラの方向を見ているのですが、その中の何人かがある方向を向くと、周囲もそれにつられて同じ方向を向くようになります。その結果、体育館そのものは回転対称なのに、そこにいる人々がすべて同じ方向を向く。回転対称性が自発的に破れているのです。

[図24]周りの人たちと同じ方向を向きたがる人々が集まると、回転対称性が自発的に破れる。

こうして対称性が自発的に破れたのは、そのほうがエネルギーの状態が低くなり、安定するからです。人と違う方向を向くのには、エネルギーが要る。体育館の中の人々にとっては、全員が同じ方向を向いたときがエネルギーが一番低いのです。南部は、バーディーンたちが考え出した超伝導の状態――電子の数が定まらない状態――は、このように対称性が自発的に破れた状態であると理解したのです。

なぜ超伝導が極低温で起きるかについては、次のように考えればいいでしょう。温度が高いのは、体育館に集まった人々がザワザワと騒がしくしているのと同じような状態です。何かの式典が始まる前は、往々にしてそんな雰囲気でしょう。そのとき、人々はそれぞれバラバラな方向を向いています。その中で数人のグループがどちらかを向いても、それは周囲の人々に伝わりません。

しかし雰囲気が落ち着いて体育館が静まってくると、それが伝わりやすくなります。誰かが右を向くと、何となくみんながそちらを向くようになる。バラバラだった体育館の空気に、ある種の一体感が生まれるのです。この静まった状態が、温度の下がった状態にほかなりません。水銀を使ったオネスの実験では、この対称性の自発的な破れは絶対温度四・一九度で起きるわけです。

このように、温度を下げていくとあるときに性質が劇的に変わることを、「相転移」と呼びます。たとえば、大気圧で水の温度を下げていくと、摂氏〇度で氷になるのも相転移の例です。「水の相」が「氷の相」になるので、相転移と呼ぶのです。

これと同じように、体育館の中でも相転移が起きます。温度が高いと、人々がバラバラの方向を向いていて特別の向きがない。これは「回転対称性が破れていない相」にあると言えます。そこで温度を下げていくと、あるときに人々の向きが一斉にそろって「対称性が自発的に破れた相」になるのです。

もちろん、固体水銀を絶対温度四・一九度にまで下げたときに、通常の金属から超伝導体に変化する現象も、相転移の一種です。電気抵抗のある金属は対称性が破れていない相、抵抗がゼロになる超伝導体は対称性が自発的に破れた相にあることになります。

この南部のたとえ話はうまくできていて、超伝導状態のいろいろな性質が説明できるようになっています。本書の「はじめに」で書いた、「ごまかしのないたとえ話」のお手本のようです。私は、南部のノーベル賞受賞記念講演を聴いて、さすがに先駆者だと感心したので、ここでご紹介しました。

さらに踏み込んで、このたとえ話と、BCS理論で説明される超伝導状態とは、どのような対応関係にあるのか、知りたい読者もいるかもしれません。南部のたとえ話は、この点でもうまくできているのですが、それをきちんと解説するためには、量子力学の深い理論が必要なので、本書のレベルを超えてしまいます。それでも知りたい人のために、一言だけ書きますが、これから先の話とは関係ありませんので、わからなくなったら、次の節まで読み飛ばしてください。

まず体育館のたとえでは、問題になっている対称性は、回転に関するものだったことを思い出してみましょう。ネーターの定理によると、対称性があれば、必ず保存する量があるはずです。回転に関して自然に保存する量と言えば、前章のスピンの話でも登場した回転の勢い——角運動量——です。そこで、角運動量が一定の状態を考えてみます。

体育館の中の人々が、一定の速さで回転しているとします。ある方向を向いてじっとしているのではなく、各々が自分の場所でフィギュアスケートの選手のようにぐるぐる回っているのです。これが「角運動量が保たれている」状態です。

南部のたとえ話では、この回転の速さを電子の数と解釈します。回転の速さは連続的に変化するのに、電子の数は一、二、三……と数えることができるので、話が合わないと思われるかもしれません。しかし、前章で電子のスピンの話をしたときに、量子力学では、回転の勢い、すなわち角運動量には最小の単位があるという説明をしました。そこで、南部のたとえ話でも、人々が回転する速さに最小単位があって、その一倍、二倍、三倍……を、電子が一個の状態、二個の状態、三個の状態……と対応させることができるのです（回転が逆向きになると、電子の数が負になりますが、これは通常の金属の状態よりも電子の数が少なくなったと解釈します）。

体育館の中の人々が、一定の速さで回転している状態では、電子の数が決まっています。ところが、対称性が自発的に破れた状態では、人々は回転しているのではなく、一つの方向を向いています。これは、電子数が決まった状態とは異なります。この状態の性質を詳しく調べてみると、まさしくBCS理論で考えていたように、「電子数の異なる状態に同時に存在していた」というのが、南部が二年間考え続けた結論だったのです。

光が重くなると、横波だけでなく縦波も必要になる

先に説明しましたように、超伝導体の特徴の一つは、磁力線が入り込めないというマイスナー効果でした。この現象はロンドン兄弟によって、超伝導体の中で「光が質量を持ったからである」と解釈されました。では、対称性が自発的に破れると、なぜ光が重くなるのでしょうか。

これを理解するためには、光が重くなると何が起きるのかを考える必要があります。

この世界には、さまざまな波があります。水の表面にも波が起きますし、私たちが耳で聞くことのできる音も、空気の振動が波として伝わるものです。また、地震も、地面の中を波として伝わります。このようなさまざまな波には、大まかに言って二つの揺れ方があります。横波と縦波です。

二〇一一年の三月一一日には、私は東京大学の柏キャンパスにあるカブリIPMUのオフィスで、三人の研究者と話をしていました。午後二時四六分、突然建物がきしみ、揺れだしました。最初はゆっくりですが、次第に強くなります。五分ぐらいは振動が続いたでしょうか。これまで経験したことのない長い地震だったので、これは震源地が遠いからではないか、それなのにこんなに大きな揺れがあるということは、相当大きな地震ではないか、とそのときに思いました。カリフォルニア工科大学で私の同僚で、地震学の世界的権威の金森博雄も偶然東京に滞在していました。金森は、地震の規模を測るために国際的に広く使われている「モーメント・マグニチュード」を考案したことでも知られています。彼は、地震の揺れ方を体感しただけで、マグニチュード八以上であるとすぐに推測したそうです。実際にはマグニチュード九という巨大地震でした。

地震には縦波と横波があり、この二つの波の伝わる速さが異なるので、この波の到達する時間の違いを計ると、その場所から震源地までの距離を推測することができます。

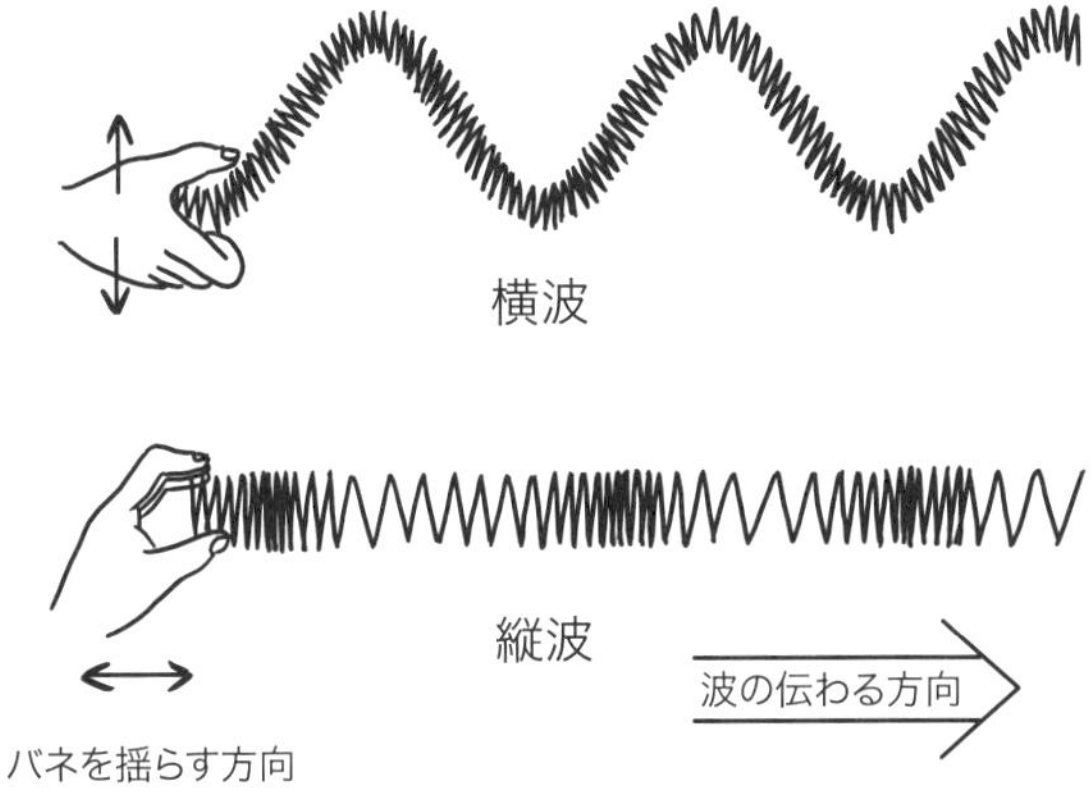

[図25]バネを揺らしたときにできる横波と縦波。

地震波の伝わる方向と直交する方向に地面が揺れるのが横波です。岩盤は固いので、横に曲がると元に戻ろうとする。この振動が伝わっていくのです。

一方、波の伝わる方向に岩盤が圧縮されたり伸ばされたりして振動が伝わると縦波が起きます。地震の場合には、縦波のほうが横波よりも速く伝わります。

図25では、バネをゆらしたときにできる横波と縦波の様子を描いてみました。

波の種類によっては、縦波だけのものや横波だけのものもあります。

たとえば、空気の中を伝わる音には、縦波だけしかありません。音波の縦波は、進行方向に空気が圧縮されたり伸ばされたりして伝わります。空気が濃くなったり薄くなったりするので、疎密波と呼ぶこともあります。しかし、空気は横方向に揺れることはありません。場所が固定されてブルブルと震える

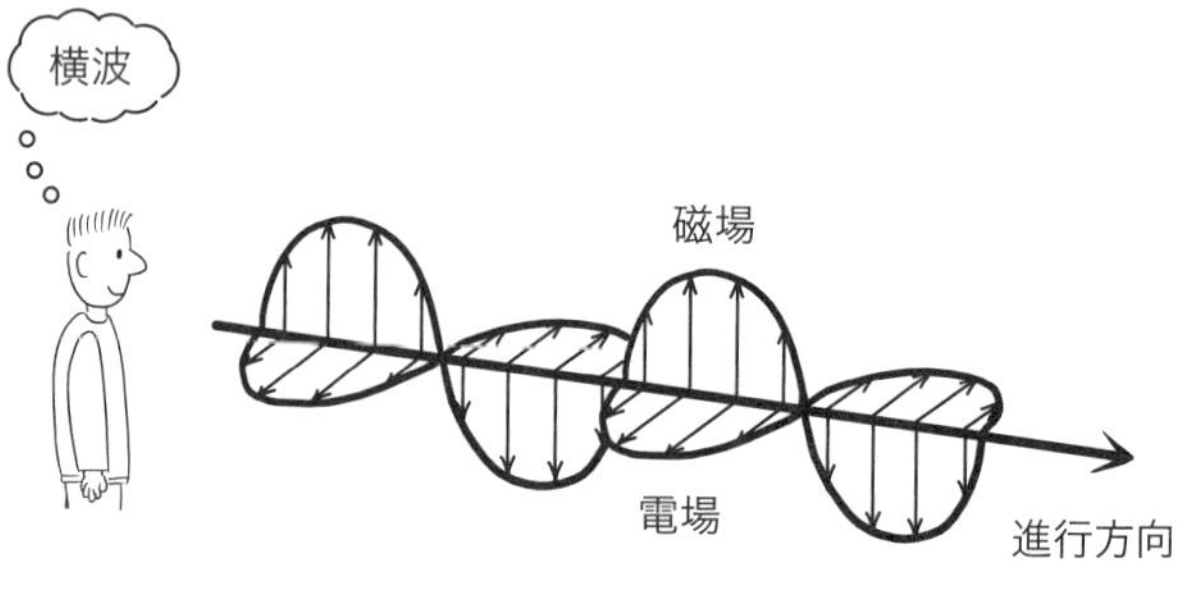

［図26］電磁波では、電場や磁場は進行方向に直交している。

ことのできる岩盤と違って、空気を横方向にゆらそうとしても、元に戻ってこないでそのまま流れて行ってしまうからです。

一方、横波しかない波もあります。光、すなわち電磁波はその例です。電場の中に電子を置くと、電子は電場に沿って加速されます。磁場の中に方位磁石を置くと、磁石は磁場の方向を示します。このように、電場や磁場には向きがあります。電磁波とは、このような電場や磁場の大きさが変化することで起きます。このとき、電場や磁場の向きは、電磁波の進行方向と直交しています（図26）。そこで、電場の方向を光の揺れる方向だとみなすと、光は横波になるのです。

偏光フィルターというものをご存じでしょうか。電磁波の偏光とは電場の方向のことです。電場は進行方向と直交しているかぎり、いろいろな方向を向くことができます。そのため、普通の光にはさまざまな偏光が混ざっています。

しかし、水の表面や空などから反射してくる光では、電場の方向がそろっています。偏光フィルターは、この性質を使って、反射光だけを選んでカットできるようになっています。そのため、水面やガラス面などのぎらつきや、空のまぶしさを抑えることができ、風景写真を撮るときに便利です。また、私は南カリフォルニアに住んでいて、冬でも空の光がまぶしいので、眼科医の勧めで、普段から偏光レンズを使ったメガネをかけています。

この偏光の性質——光が横波しか持たないという性質——は、光子が質量を持たない粒子であるということと密接な関係があります。もし光に質量があると、光には横波だけでなく、縦波の成分が必要になるのです。その理由を説明しましょう。

光速より遅いものには観測者が追いつくことができます。同じ速さで並んで走れば、観測者からは止まって見えるでしょう。電車が走っているときに、それを同じ速さで並走している電車から見ると、止まって見えるのと同じことです。

これに対し、光には追いつくことができません。どんな速さで移動している観測者からも、光は常に光速で飛んでいくように見えるというのが、アインシュタインの特殊相対論の考え方です。

もし光に質量があり、光速より遅く走っているとするとどうでしょう（「光速より遅い光」とは矛盾した表現のようですが、質量を持ったために「特殊相対論で光速と呼ばれる速さ」よ

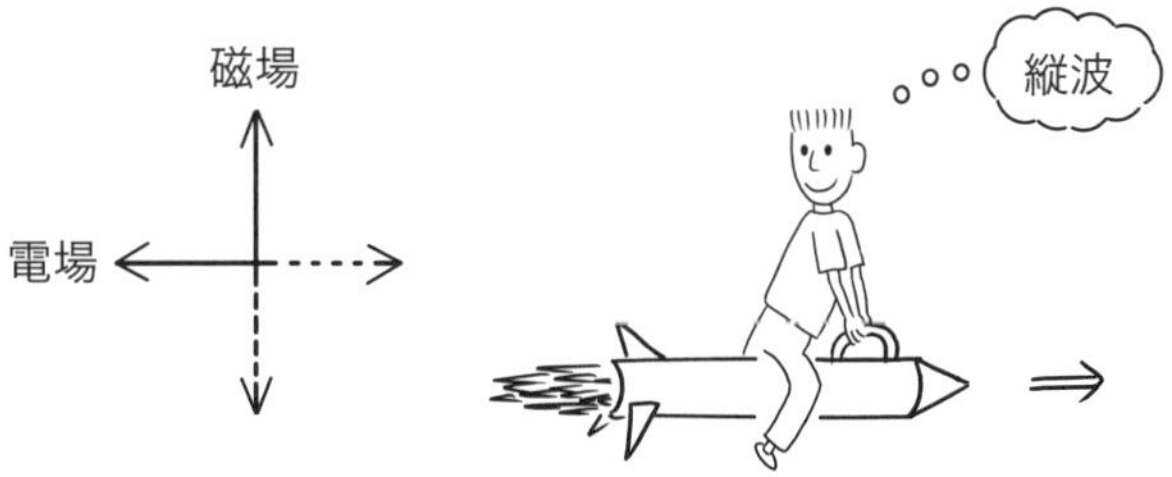

[図27]もし光が質量を持つのなら、追いつくことができる。追いついた後で、今度は電場の方向に走って振り返ると、電場が進行方向に振動しているように見える。

りも遅くなったという意味です)。そうすると、光に追いつくことができるので、そのような観測者からは光が止まって見えるはずです。光は横波しかないので、止まっている光も、もともとの進行方向に直交するように揺れています。光の揺れる方向というのは、電場の方向のことでした。そこで、次に電場の方向に走ってみることにします。電場の方向に走っている私からは、止まっていた光は逆方向に走っていくように見えるはずです。しかし、電場の方向に走り出したので、今度は光の進行方向に電場が振動しているように見えるはずです(図27)。つまり、横波だったはずの光が、観測の仕方で縦波になってしまったのです。

このように、光速よりも遅い波の揺れ方は、観測者によって横波にも縦波にも見える。物理学の法則は、どのように観測しても同じになっていなければいけないので、光が質量を持つのなら、光には横波だけでなく、縦波も必要になるのです。

光速で伝わる光には横波しかなくても問題は起きないが、質量を持つのなら縦波も必要になる。そうすると、超伝導のマイスナー効果を、「光が重くなった」として説明するためには、横波だけだった光に、どのようにして縦波が起きるのかを考えなければなりません。電場や磁場の振動は、光の横波を起こします。では縦波は何が振動しているのでしょうか。そこで、南部が再登場します。

対称性が破れると、質量のない粒子が必ず現れる

南部は、超伝導状態のように対称性が自発的に破れると、新しいタイプの波が現れることに気がつきました。南部がノーベル賞受賞記念講演で使ったたとえ話を、もう一度使って考えてみましょう。

体育館の中にいる人たち全員が同じ方向を向いているときに、一人だけあらぬ方向を向くのはいろいろな意味で大きなエネルギーが必要です（図28）。「出る杭は打たれる」とも言われますから、突飛な行動はよほどの意欲や覚悟がなければできないものです。そのため、超伝導状態でも、そういうことは起きにくくなっています。

しかし、ほんの少しだけ首を左右に振ることは簡単にできるでしょう。長い間同じ方向を向

［図28］周りの人たちとまったく違う方向を向くのにはエネルギーがいる。

いているのに疲れた人が、少し首を動かしてみる。そうすると、それにつられて隣の人も首を少しだけ振る。そのまた隣の人もまた首を振る……という具合に首振りの動作がさざ波のように伝わっていく（図29）。一人だけで別な方向を向くのは大変ですが、首振りのさざ波を起こすためにはあまりエネルギーはいりません。さらに、さざ波の波長を長くしていくと、首振りの方向がゆっくりゆっくり変わっていくので、波を起こすためのエネルギーをいくらでも小さくすることができます。

電磁波の最小単位が光子であるのと同じように、この波にも揺れの最小単位があって、粒子の性質を持ちます。アインシュタインの「$E=mc^2$」でエネルギーと質量が比例していたことを思い出してください。波の波長を長くすればエネルギーをいくらでも小さくできる。波長が無限に長くなると、エネルギーはゼロになります。この式で左辺のEをゼロにできるということは、対応する粒子の質量mもゼロであるということになります。

ここでは、体育館の中の人たちのたとえで考えましたが、南部は、対称性が自発的に破れている状態ならば、どのようなものであっても、ちょっと揺らしてやれば簡単にさざ波が伝わる。

そして、このさざ波の最小単位として、質量のない粒子が必ず現れることに気がつきました。

しかし、それをどういう形で発表するかを思案しているうちに、ケンブリッジ大学にいたジェフリー・ゴールドストーンから先に論文が届いてしまいます。南部はそのとき「トンビに油揚をさらわれたようだった」と回顧しています。しかし、対称性の自発的破れの理解についての南部の貢献は広く知られていたので、この粒子は二人の名を冠して「南部－ゴールドストーン・ボゾン」と名付けられました。対称性が自発的に破れたときに現れる質量のない粒子は、必ずボゾンの性質を持つので、このように呼ばれているのです。

［図29］順番に少しずつ違う方向を向いていくのなら、エネルギーはあまりいらない。

「南部－ゴールドストーン・ボゾン」が光の縦波に変身

さて、超伝導体の中で、光が質量を持つようになる理由を説明する準備ができました。

超伝導体の外では、電磁波は光の速さで伝わり、光子の質量はゼロです。このような電磁波が超伝導体の中に入ろうとしたとします。もともと超伝導状態とは電子の状態のことで、電子は電荷を持っているので、この状態は電磁場に反応します。ですから、電磁波が超伝導体に入ると、超伝導状態が揺り動かされます。

南部のたとえ話で考えてみましょう。体育館の中に電磁波が入っていくと、そこに立っている人々が電磁波で揺り動かされるので、これをかき分けて進んでいかなければいけなくなります。特に、人々が軽く首を振るさざ波は小さなエネルギーでも起きるので、電磁波が超電導物質の中を伝わろうとすると、簡単に発生してしまいます。つまり、超伝導体の中では、電磁波とさざ波がからみ合って、一緒に伝わることになる。光子は素直に伝わることができず、南部－ゴールドストーン・ボゾンと混ざり合うような恰好になります。この余計なプロセスがあるために、光子の速度が光速よりも遅くなる。つまり、光子が質量を持ってしまうのです

光が質量を持つためには、先ほどの話にあるように、縦波成分が必要になります。しかし、電場と磁場の振動だけでは、横波にしかなりません。縦波は何が振動しているのでしょうか。超伝導体の中には、ちょうど都合よくさざ波——南部が使った体育館のたとえ話では、人々の首振り運動——が起きています。このさざ波が縦波になるのです。光子を遅くした責任を取るために、南部－ゴールドストーン・ボゾンが、光子の縦波に変身して辻褄を合わせると言ってもよいでしょう。つまり、超伝導体の中の光とは、電場と磁場が作る横波と、南部－ゴール

ドストーン・ボゾンが作る縦波が一緒になったものだったのです。光にも南部−ゴールドストーン・ボゾンにも質量がなかったのですが、二つが組み合わさって横波と縦波を作ると、質量を持つようになるのです。

こうして、超伝導体の中で光子が重くなる仕組みも、対称性の自発的破れによって説明できるようになりました。

素粒子論への応用という、さらに偉大なる跳躍

ＢＣＳ理論の本質が、対称性の自発的破れであると見抜いた南部の眼力は驚くべきものです。『美女と野獣』の物語で、恐ろしい見かけの野獣が美しい心を持っていたことに気がついたベルのように、「電子の数を保存しない」という奇妙な性質を持つ超伝導状態に、隠された対称性があることを看破したのです。

それだけではありません。ここで、南部はさらに偉大な跳躍をします。対称性の自発的破れの考えを、素粒子論に応用しようというのです。

南部は、光だけでなく、電子やクォークなどのフェルミオンが質量を持つ仕組みも、対称性の破れによって説明できるはずだと考えました。というのも、電子やクォークなどが質量を持つことによって、ある対称性が破れていると考えることができるからです。これがどのような

対称性であるかをご説明しましょう。

まず、フェルミオンの質量の影響について整理してみます。電子やクォークは、スピンを持っています。ここでは、粒子が回転していると考えてもらっても結構です。この回転の方向には、進行方向に向かって時計回りと反時計回りの二種類があります。

ところが、こうした粒子に質量があると、時計回りのスピンの粒子と、反時計回りのスピンの粒子の区別が曖昧になります。進行方向に向かって時計回りのスピンを持つ粒子があったとしても、それよりも速く走って追い越してから振り返ると、反時計回りのスピンのように見えるからです（一六〇ページの図20）。つまり、観測の仕方によって、スピンの向きが変わってしまうのです。

しかし、もし粒子に質量がなく、常に光速で走っているのなら、追い越すことができないので、二種類のスピンを区別することができるようになります。たとえば、二種類のスピンの電子の各々に、「電子（時計）」と「電子（反時計）」と名前をつけて、別々の粒子と考えることもできるはずです。

同じ性質を持つフェルミオンが何種類かあって、それらを入れ替える対称性があったとしましょう。さらに、これらの粒子に質量がなければ、時計回りのスピンの粒子だけを入れ替える対称性、反時計回りのスピンだけを入れ替える対称性を別々に考えることができます。このように、どちらか一方のスピンの粒子だけを入れ替える対称性のことを「カイラル対称性」と言います。ちなみに「カイラル」とは、ギリシア語で「手」を意味する言葉。時計回りと反時計回りのことを、「右手回り」と「左手回り」と言うことがあるので、このような名前がつきました。

ところが粒子に質量があると、もはや時計回りと反時計回りの粒子を別々に考えることはできません。観測の仕方によって、時計回りのスピンだと思っていたものが、反時計回りになるからです。そのため、時計回りのスピンの粒子にだけ（もしくは、反時計回りの粒子にだけ）働いていたカイラル対称性も破れてしまいます。

南部は、それを逆手に取ってこう考えました。

フェルミオンが質量を持つとカイラル対称性が破れるなら、逆に、カイラル対称性が自発的に破れる理論を作れば、粒子が自然に質量を持つようになるのではないか。

もちろん、カイラル対称性の破れは質量ができるための必要条件であって、十分条件ではありません。逆もまた真になるとはかぎらないのですが、南部はそれが「真」になる可能性があると考えたのです。実際、南部は一九六〇年に、助手のジョバンニ・イオラナ・シニオと共同で、このアイデアを実現する具体的な理論の例を作ってみせました。

フェルミオンの質量とカイラル対称性の自発的破れが関係しているという南部の独創的なア

イデアは、ヒッグス粒子の理論でも重要な役割を果たします。この仕組みによって、弱い力が「対称性を持たないものを入れ替える」という《第二の謎》と、「フェルミオンの質量」についての《第三の謎》が、同時に解けてしまうのです。これについては、次章でご説明しましょう。

真空は「何もないカラッポの空間」ではなかった

この南部の一連の仕事は、物理学の「真空」についての考え方を、根本から転換することになりました。超伝導のような物質の話をしていたのに、真空が出てくるとは唐突だと思われるでしょう。しかし、南部の理論が物理学に与えたインパクトを理解していただくには、真空の話をしないわけにはいきません。

『広辞苑』の【真空】の項目を見ると、第二の語義として「物質のない空間」と書いてあります。日常の言葉遣いでも、「何もないカラッポの空間」が真空でしょう。

物理学者は、この物質のない空間という考えを一般化して、「エネルギーが最も低い状態」のことを真空と呼んでいます。粒子が飛び回っている空間では、その全体のエネルギーは、個々の粒子のエネルギーの総和でしょう。そうすると、粒子がまったく存在しないときにエネルギーが最も低くなる。つまり広辞苑の説明と同様、何もない状態が真空になると考えられます。素粒子物理学者も、真空とは何もないカラッポの空間だと思っていたのです。

このような真空は研究者の興味を引くようなものではありませんでした。素粒子の研究者は、粒子とその間に働く力を理解することで自然界の深い姿を理解しようとします。そのため、粒子も何もない真空に、何か面白いことがあるとは思えなかったのです。

ところが対称性の自発的破れの理論によると、真空は何も起きていない「のっぺらぼう」とはかぎらない。

本章の初めのほうで、普通の金属のエネルギーが最も低い状態は、金属の中の電子の軌道を考え、エネルギーの低い順に電子を詰めていったものであると説明しました。これは、わかりやすい状態です。物理学者の言葉では、金属の「真空状態」は何も起きていない「のっぺらぼう」ということになります。しかし、超伝導体のエネルギーが最も低い状態は、電子の数の異なる状態が同時に存在するような複雑なものでした。

南部の理論によると、光子が質量を持つようになるのも、フェルミオンが質量を持つようになるのも、真空が対称性を自発的に破っているからです。真空がどのようなものであるかによって、粒子の性質が決まる。この画期的な発見によって、「粒子のない最も簡単な状態」だと思われていた真空が、素粒子物理学の中心的な研究課題になりました。「南部以前」には議論する余地のない自明の存在だった真空ですが、「南部以後」は、新しい素粒子理論が提案されるたびに、まずは「その理論の真空（＝最低エネルギーの状態）は何であるか」が問われるようになったのです。

『広辞苑』では、「物質のない空間」は第二の語義になっています。語義は、原則として語源に近いものから列記されているので、第一の語義を見てみると「大乗の究極」、「小乗の涅槃《ねはん》」などとあります。そもそもは仏教用語だったのです。

禅寺の和尚をしている友人の話によると、仏教では、この世の物質的なものには実体はなく、「色即是空」、すべては「空」であると教えるので、虚無主義であると誤解されがちである。しかし、「真空妙有」というように、「空」とは有の対義語ではなく、実在の真如、すなわち最も深い真実を表しているものと考えるのだそうです。これは、真空の構造の解明によって素粒子の性質を理解するという、現代物理学の考え方に通じるものがあるのかもしれません。

賢者、曲芸師、魔法使い、偉大な理論物理学者の三タイプ

南部の洞察の正しさは、のちにヒッグス場の理論によって裏付けられるわけですが、それは次章で詳しくお話ししましょう。

それを含めて、超伝導のBCS理論の本質が「対称性の自発的破れ」であることを見抜き、それが素粒子の理論に使えることまで予見した南部の洞察力と先見性には、同じ研究者として驚嘆を禁じえません。

私は、偉大な理論物理学者には、賢者、曲芸師、魔法使いの三種類のスタイルがあると思っています。

賢者型の研究者は、明確な問題設定から始めて、前提をすべてきちんと指定し、論理を着実に踏まえて、進んでいきます。彼らの論文を読むと、その一歩一歩は誰にでも素直に追えるものですが、論文を読み終えて気がつくと途方もなく遠くまで来ている。賢者型の研究者の典型は、アインシュタインでしょう。一九一五年に一般相対論を完成させた彼が一九一六年に出版した論文は、何が問題であるか、どのような新しいアイデアでそれを解くのか、そのためにはどのような数学的手法を使うのかが、一つ一つ丁寧に説明されており、今でも教科書として使えるほど読みやすいものです。素粒子論のご意見番と呼ばれたパウリ、次章で登場するスティーブン・ワインバーグも賢者型と言えると思います。彼らの論文は、頭の中にしみこむようによくわかります。

曲芸師型の研究者は、これまで誰も考えたことのない斬新な視点で問題を捉え、急峻な山々を軽々と登っていきます。彼らの論文を読むと、奇抜な論法に驚かされ、狐につままれたような気分になりますが、独特の説得力があるのも特徴です。曲芸師型の研究者の典型は、ファインマンでしょう。残念ながら私は生前にお会いする機会はありませんでしたが、先輩の話では、彼の講演を聴くと、その場では端から端までよくわかったような気がするが、後になって説明してみろと言われても、どんな論理だったのかまったく再現できなかったそうです。

そして、ごく希に魔法使いとしか考えられない研究者が現れます。彼らの仕事は、時代を超越しているので、並の研究者にはすぐに理解できません。論文を読んでも、どうしてそのようなことを思いついたのか、なぜそうなっているのか、見当がつきません。しかし、彼らはこれまで誰も見たことのない自然界の深い真実を指し示しているのです。

南部は二十世紀を代表する魔法使いと言えるでしょう。私がカリフォルニア大学バークレイ校の教授をしていたときに同僚だったブルーノ・ズミノという著名な理論物理学者は、南部について次のように語っていました。

南部の仕事は一〇年先を見通している。そこで、南部の仕事を理解すれば他の研究者より一〇年先んじることができると思いがんばって勉強したのだが、やっと理解したと思ったら、すでに一〇年経っていた。

二〇〇四年に強い力の「漸近的自由性の発見」でグロス、ウィルチェック、ポリッツァーの三人がノーベル賞を受賞した際、スウェーデン王立科学アカデミーの公式発表には「南部の理論は正しかったが、時代を先取りしすぎた」との異例の言及がありました。そして二〇〇八年、南部は「素粒子物理学における対称性の自発的破れの発見」によってノーベル賞を受賞します。その受賞講演を、南部は次のような言葉で締めくくりました。

物理学の基本法則は多くの対称性を持っているのに現実世界はなぜこれほど複雑なのか。対称性の自発的破れの原理は、これを理解するための鍵となっています。基本法則は単純ですが、世界は退屈ではない。なんと理想的な組み合わせではありませんか。

第六章 ヒッグス粒子の魔法が解けた！

南部陽一郎が発想した「対称性の自発的破れ」は、ヒッグス場を導入することで、素粒子の模型に使うことができるようになりました。しかし、素粒子論の研究者たちは、最初、これを間違った問題に使おうとして、また迷路に入り込みます。ここに登場したのがワインバーグです。彼は正しい問題を理解し、標準模型の完成についに王手をかけました。

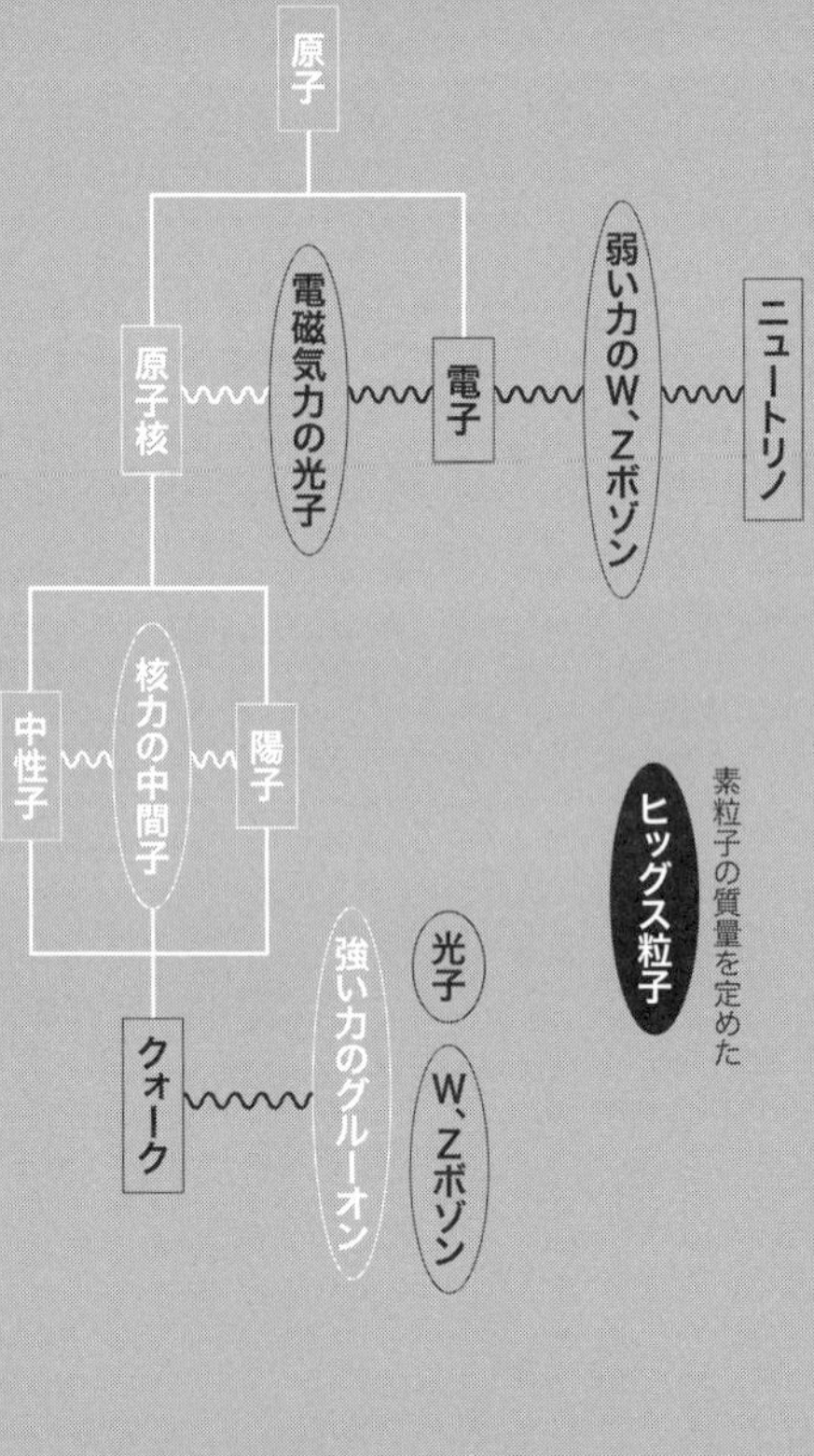

超伝導の理論と特殊相対論をどう組み合わせるか

前章で紹介した南部陽一郎の対称性の自発的破れの理論は、弱い力をめぐる三つの謎の解明に大きく道を開きました。しかし、難問が残されていました。

対称性が自発的に破れると、質量を持たない南部－ゴールドストーン・ボソンが現れます。自然界には質量のない素粒子は光子しか見つかっていないので、質量を持たない粒子を何とかしなければ素粒子の理論には使えません。

前章で説明したように、超伝導体の中では、マイスナー効果によってこの問題が解決していました。質量を持たない南部－ゴールドストーン・ボソンが消えて、その代わりに光が質量を持つようになるのです。そこで、物性物理学の研究でノーベル賞を受賞したフィリップ・アンダーソンは、このマイスナー効果を素粒子論に応用してはどうかと提案します。しかし、当時の素粒子物理学者にはその意義はすぐには理解されませんでした。

アンダーソンの提案がすぐに受け入れられなかった理由は、超伝導の理論に特殊相対論が組み込まれていなかったからだと思われます。たとえば、当時ハーバード大学の助教授だったウォルター・ギルバートは、特殊相対論を含む理論で対称性が自発的に破れると、南部－ゴールドストーン・ボソンが必ず現れる。消すことなどできないと主張する論文を書いています。ギルバートと言えば、のちに分子生物学に転向し、核酸のヌクレオチドの配置を決定する方法を開発した業績でノーベル化学賞を受賞したほどの人物です。それほどの科学者が不可能と断言してしまったほど、対称性の自発的破れの素粒子論への応用は難しいと思われていたのです。

しかし、一九六四年に、三つのグループがマイスナー効果のアイデアを特殊相対論と組み合わせることに成功します。

その中で最も広く名前を知られているのは、ピーター・ヒッグスでしょう。しかし実は、最初に論文を発表したのは彼ではありません。ヒッグスの前にロバート・ブラウトとフランソワ・アングレールのコンビが発表しているのです。また、ヒッグスの後にもジェラルド・グラルニク、カール・ハーゲン、トーマス・キッブルのグループがほぼ同じ内容の論文を発表しました。

この三組の論文提出をめぐる話は後述しますが、その理論が予言する粒子に「ヒッグス」の名が冠せられた理由の一つは、その予言を最初に論文に明記したのがヒッグスだったからかもしれません。ヒッグスよりも先に論文を発表したブラウトとアングレールは、このような粒子が予言されるのは当たり前だと考えたため、あえてそれには言及しませんでした。

この話に、意外な印象を受けた人も多いでしょう。CERNで発見されて話題になったのは「ヒッグス粒子」ですから、ヒッグスたちの理論もこの新粒子が主役だったと思うのが当然です。しかし実際には、ヒッグス粒子は理論の本筋ではありませんでした。対称性の自発的破れを素粒子論にどのように応用するかが問題で、ヒッグス粒子の予言はそのおまけのようなものだったのです。

対称性を破るには新しい「場」を付け加えればいい

ヒッグスたちのアイデアは、対称性を破るために、新しい場を理論に付け加えるというものでした。

ここで、「場とは何か」を思い出してみましょう。たとえば天気図は、場所ごとに気圧が決まっている「気圧の場」を等圧線で表現したものでした。場所ごとに決まった量があるのが「場」です。同じところに「温度の場」もあります。また、電磁場も「場」の一種です。つまり、私たちの身の回りには、さまざまな場が同時に存在しているのです。ヒッグスたちは、そこにもう一つ新しい場を付け加えようと提案しました。これはのちに「ヒッグス場」と呼ばれるようになるので、ここでもそう呼ぶことにします。

[図30]ピーター・ヒッグス
(1929-)

前章で取り上げた「大勢の人々が集まった体育館」も、場として考えることができます。そこでは、それぞれの人が向く方向が場所ごとに決まっているからです。方向は角度で表すことができるので、これも気圧や温度と同じく「場所ごとに決まっている量」と考えられます。体育館がザワザワしているときは方向がバラバラなので、特別な方向というものはありません。つまり、平均すれば回転対称性が保たれているのです。しかし、静かになって全員が一斉に同じ方向を向くようになると、対称性が破れることになります。

ヒッグス場も、この南部のたとえ話と同じようにして対称性を自発的に破ります。その具体的な仕組みについては、本章の後半でお話しすることにします。まずは、ヒッグスたちの理論が弱い力の説明にどのように使われたかを振り返ってみましょう。

ヒッグス場は弱い力と電磁気力に使うべきだ!

ヒッグス場のアイデアは、素粒子論でこれまで懸案だったさまざまな問題が解決していく契機になりました。

ヤンがプリンストンの高等研究所のセミナーでヤン－ミルズ理論を説明したときに、パウリが「この理論の予言する粒子の質量は何か」と問い詰めたことを思い出してください。ヤン－ミルズ理論はマクスウェル理論の拡張なので、そのままでは質量のない粒子を予言するように思えます。そのような素粒子は見つかっていないというのがパウリの批判でした。

ところが、超伝導状態で対称性が自発的に破れるときに、光が質量を持つ仕組みはわかっています。そうだとしたら、ヒッグス場を使って対称性を自発的に破っても、同じようなことが起きるはずです。これは、弱い力の第一の謎、《Wボゾンの質量》の問題を解くためにお誂え向きでした。

しかし、ヒッグスたちが論文を発表したときには、このことに気がつく人はいませんでした。ほとんどの研究者がヒッグス場を強い力の説明に使おうとしていたからです。

本書では第三章で強い力の話を先にしたので、読者のみなさんは「漸近的自由性」のことをすでに知っています。しかし漸近的自由性の発見によって強い力の謎が解けたのは、一九七〇年代前半のこと。ヒッグスたちの論文が発表された六〇年代には、強い力を伝えるグルーオンが遠くに届かない理由がわかっていませんでした。そのため多くの研究者たちが、ヒッグス場を「グルーオンに質量を与える仕組み」として使おうとしたのです。実際には、第三章で説明したように、グルーオンは強い力で閉じ込められているだけで、強い力の対称性は自発的に破れてはいませんでした。

ところが、一九六七年になって、この研究に発想の転換をもたらす人物が現れます。その物理学者もヒッグス場を強い力の説明に使おうとしていましたが、どうしても質量のない粒子が出てきてしまい、それを消すことができずに立ち往生していました。ところがある日、客員教授を務めるマサチューセッツ工科大学に出勤するために、赤いシボレー・カマロで走っているとき、突然ひらめきました。

この理論は、強い力ではなく、弱い力と電磁気力に使うべきだ!

彼の名を、スティーブン・ワインバーグと言います。

ヒッグス本人も思いつかなかった大胆な発想転換

この発想の転換によってワインバーグが作り上げた理論は、たんに弱い力の働きだけを説明するものではありませんでした。それまで自分を悩ませていた「質量のない粒子」は、電磁気力を伝える光子である。ヒッグス場を使うと、弱い力と電磁気力の両方を説明することができる、とひらめいたのです。それ以前には、強い力にヒッグス場を使おうとしていた彼は、のちにこのように語っています。

私たちは正しい答えを持っていたが、間違った質問に答えようとしていた。

ワインバーグの理論によると、電磁気力はもともと弱い力と同じ力でした。それが、真空が対称性の自発的破れを起こしたことによって二つの力に分かれます。この二つの力はまったく異なる性質を持つように見えます。電磁気力は遠くまで伝わるのに、弱い力は電磁気よりはるかに弱く、近くにしか伝わらない。ところが、ヒッグスたちの理論を使うことによって、この一見異なる二つの力が、一つの力を起源とするものとして統一されたのです。

電磁気に関する理論は、十九世紀にマクスウェルが電場と磁場を統一した時点で完成したと思われていました。しかしこのワインバーグの考えによれば、マクスウェルの電磁気理論も、弱い力を含む、より大きな枠組みの一部にすぎないということになります。

もっとも、電磁気力と弱い力の統一を目指していたのはワインバーグだけではありませんでした。彼とは高校と大学の両方で同級生であったシェルドン・グラショウは、ワインバーグが「ひらめき」を得るよりも数年早い一九六一年に、ヤン－ミルズ理論を使って二つの力を統一することを思いつきました。しかし、弱い力を伝えるボゾンに質量を与える仕組みがわからないので、うまくいきません。グラショウは、それでも発表する価値があると考えました。グラショウは、論文の冒頭に、

［Wボゾン］の質量はゼロでないのに、光子の質量はゼロである。［Wボゾン］と光子との

類似を追究しようとするいかなる試みにとっても、これが主要な障害となることは言うまでもない。この論文では、この問題に気がつかない振りをせねばならない。

と書きました。アイデアには欠陥があることを認めながら、「気がつかない振り」をして進もうということで、科学論文としては異例の表現です。電磁気力と弱い力の統一の重要性を、強く感じていたからでしょう。

ヒッグスらが対称性の自発的破れの論文を書いた後で、グラショウはヒッグスの講演を聞き、議論もしていました。しかし、ヒッグス場を自分の理論に組み込むことは思いつきませんでした。ヒッグスのほうも、自分の理論を強い力に応用することに気を取られていたので、弱い力と電磁気の力を統一しようというグラショウの理論と関連づけようとはしませんでした。そこまで両者が近づいていながら、惜しいところですれ違ってしまったわけです。逆に言えば、ふつうでは思いつかないぐらい、ワインバーグの発想の転換は大胆なものだったということにもなるでしょう。

ワインバーグの一年後に、パキスタン出身のアブダス・サラムも同じ理論を提案したため、電磁気力と弱い力を統一する「電弱理論」は、ワインバーグ－サラム模型と呼ばれるようになりました（インターネットによって情報が瞬時に共有される今日では、一年後の提案が独立と

［図31］スティーブン・ワインバーグ（1933-）、アブダス・サラム（1926-1996）とシェルドン・グラショウ（1932-）

みなされることは考えられませんが、当時は状況が違ったのでしょう）。グラショウ、ワインバーグ、サラムの三人は、一九七九年にノーベル賞を受賞しています。

このワインバーグ－サラム模型に、第三章で説明した強い力の理論を組み合わせたものが、素粒子の標準模型の全体像です。

ワインバーグのひらめきで、残り二つの謎も解決

ワインバーグのひらめきによって、電磁気力を伝える光子には質量がないのに、弱い力のWボゾンが質量を持つ理由がわかりました。超伝導体の中で光が重くなったように、ヒッグス場の働きによる対称性の自発的破れによってWボゾンが質量を持つのです。

これで第一の謎が解決しました。では、残りの二つの謎はどうでしょうか。

第二の謎は、ベータ崩壊でダウンクォークがアップクォー

クに変化するように、弱い力は性質の違う素粒子を入れ替えるという問題でした。

また、第三の謎は、クォークや電子などのフェルミオンが質量を持っているということ。これは、時計回りのスピンを持つフェルミオンのみが、Wボゾンを放出したり吸収したりできるという説明と矛盾しているように見えます。質量があるとフェルミオンは光より遅くなるので、追い越して振り返ってみると、時計回りだったスピンが、反時計回りになっているからです。

ここで前章で説明したカイラル対称性を思い出しましょう。時計回りのスピンのフェルミオンだけを入れ替える対称性がカイラル対称性でした。入れ替える粒子の性質が異なれば、もちろんこのような対称性はありません。しかし、もし粒子の性質が同じであっても、粒子が質量を持てばカイラル対称性は破れてしまいます。

つまり、第二と第三の謎は、いずれもカイラル対称性の破れの問題と考えることができます。

もし、アップクォークとダウンクォークを入れ替えたり、電子とニュートリノを入れ替えるカイラル対称性があれば、弱い力にヤン－ミルズ理論を使うことには問題はありません。もちろん、現実の世界では、このカイラル対称性は破れています。そこで、もともとの基本法則にはカイラル対称性があったのだが、自発的に破れたのだとしたらどうでしょうか。

ワインバーグは、ヒッグス場を使うことで、電子とニュートリノを入れ替えるカイラル対称性が自発的に破れる仕組みを考えました。ヒッグス場をうまく設定することで、カイラル対称性が破れても、弱い力にヤン－ミルズ理論が使えるように工夫したのです。
たとえば、強い力ではクォークの「色」を入れ替える対称性が破れていないので、ヤン－ミルズ理論を使うことができます。しかし、この理論の中に、「色」の入れ替えで変化する状態があることはかまいません。たとえば、赤色のクォークが一つだけある状態を考えると、色を入れ替えると違う状態になります。しかし、そのような状態があっても、ヤン－ミルズ理論を使うことには問題はありません。

対称性が自発的に破れるとは、たまたま一番エネルギーの低い状態である「真空」が、カイラル対称性を保たず、対称性のもとで変化してしまうということにすぎません。基本法則の段階で対称性が破れているわけではないので、ヤン－ミルズ理論を使っても矛盾は起きないのです。

すなわち、カイラル対称性が自発的に破れるのであれば、理論自体には、時計回りのスピンを持つアップクォークとダウンクォークを入れ替える対称性がある。電子とニュートリノを入れ替える対称性もある。ただ、ヒッグス場の働きで、この対称性が隠されているだけである。ワインバーグはこのように考えたのです。

このように、ヒッグス場による対称性の自発的破れを使うことで、弱い力の三つの謎が克服されました。電磁気力、強い力、弱い力の三つの力が、すべてヤン－ミルズ理論を基礎にしていることがこれで明らかになったのです。

宇宙が誕生して一〇の三六乗分の一秒後に起こったこと

前章で、固体水銀が絶対温度四・一九度で、普通の金属から超伝導体になる現象は、「対称性が破れていない相」から、「対称性が自発的に破れた相」への、相転移であるという話をしました。これは、水の温度を下げていくと、相転移を起こして氷になる現象と同じです。

これと同様に、現在のわれわれの宇宙は、素粒子が質量を持ち、弱い力のカイラル対称性が自発的に破れた相にあると言うことができます。

この宇宙は、およそ一三七億年前に高温高密度のビッグバンの状態とともに始まったと考えられています。宇宙の歴史をさかのぼっていくと、宇宙はどんどん高温になるので、はるか昔には、宇宙の温度が高く、カイラル対称性が破れていない相にあったはずです。計算をすると、宇宙がこのような高い温度にあったのは、宇宙開闢から一兆分の一秒の頃だったことがわかります。それより前の宇宙では、カイラル対称性が破れておらず、クォークや電子などのフェルミオンも、その間の弱い力を伝えるWボゾンも、質量を持っていなかった。ところが、宇宙が膨張し冷えてくると、標準模型の相転移が起こり、カイラル対称性は自発的に破れ、素粒子が質量を持つようになったと考えられます。

宇宙開闢時には、弱い力と電磁気の力は、両方とも質量のない粒子によって伝えられる遠距離力でした。ところが、宇宙の相転移によってWボゾンは質量を持ち、弱い力は近距離力になります。一方、光子は質量を持つことはなく、電磁気の力は遠距離力のままです。

前章のはじめに、対称性の自発的破れの例として、一卵性双生児をあげました。受精のときには同じDNAを持ち、区別のつかなかった双子の兄弟が、成長するにつれて、顔つきや性格、行動パターンなどに違いが出てくる。それと同様に、ビッグバンのときには区別のつかなかった電磁気の力と弱い力が、宇宙が膨張し冷えて相転移が起こり、対称性が自発的に破れることで、別々の性質を持つようになったのです。

標準模型では弱い力と電磁気力は統一されていますが、強い力は少し別扱いになっています。どちらもヤン－ミルズ理論で記述されることは同じですが、力の強さが違うからです。しかし、標準理論よりもより根源的な理論では、この三つの力は統一されていると考えられています。このような理論のことを「大統一理論」と呼びます。この理論によると、宇宙開闢から一〇の三六乗分の一秒までは三つの力が同じ性質を持っていたが、その時点で相転移が起こり、強い力だけが分かれた。そして、さらに一兆分の一秒になったときに、今度はヒッグス場による相転移で弱い力と電磁気力も分かれたと説明されています。

ヒッグスはなぜ「水飴」が嫌いなのか

ヒッグス粒子が発見されたとき、新聞、テレビ、雑誌などのメディアは、「質量の起源」として報道しました。

そして、こうしたヒッグス粒子発見の報道で、たとえ話としてよく使われたのが「水飴論」でした。もともとは質量のなかった電子やクォークに、空間をぎっしりと満たしているヒッグス粒子が水飴のようにまとわりついて、そこを通過しようとする粒子の運動を妨げる。こうして粒子は「動きにくさ」=「質量」を与えられる、という説明です。

しかしこの説明は、間違っています。

ヒッグス場を「水飴」のようなものだとする説明は、「質量の効果」と「抵抗の効果」を混同しています。第一章で説明したように、質量とは、「運動の状態の変わりにくさ」のことです。加わる力の大きさが同じなら、質量が大きいほど変化は小さくなります。質量が大きいと、止まっているものを動かすのも大変ですが、すでに動いているものは逆に止まりにくくなっています。

「水飴」の効果はこれとは異なります。たしかに、水飴の中では止まっているものは動かしにくそうですが、すでに動いているものは摩擦で止まってしまいます。これは質量の効果と正反対です。質量と抵抗は違うものなのです。

ヒッグス自身も、「水飴」の説明には違和感を抱いているようで、こんな発言をしたこともあります。

私は水飴による説明を持ち出されるのが本当に嫌です。水飴の効果ではエネルギーが失われますが、「ヒッグス場による効果は」そうではありません。

実は質量の起源を何も説明していないヒッグス場

では、ヒッグス場を使うと、素粒子の質量がどのようにして説明されるのでしょうか。電磁場の効果との比較で、考えてみましょう。

電磁場がある場所を、電子のように電荷を持つ粒子が通ると、粒子の運動状態が変化します。これと同じように、ヒッグス場があると、そこを通る素粒子の性質が変わります。ただし、電磁場のように粒子の運動が変化するのではなく、質量の値が変わるのです

電磁気では、電磁場を強くしていくと、その中の電子の受ける力が強くなります。電磁場が弱ければ電子が受ける力も弱まり、電磁場がゼロになれば受ける力もゼロになる。それと同様、素粒子の質量はヒッグス場の値によって変わります。ヒッグス場の値を大きくすると、すべての素粒子の質量は一様に大きくなり、ヒッグス場の値が小さければ、質量は一様に小さくなる

のです。

ただし、ヒッグス場の値によって質量が変化するとはいえ、それらの素粒子がどれも同じ質量を持っているわけではありません。素粒子の質量の値はさまざまです。そのわけは、それぞれの素粒子が異なる「ヒッグス荷」を持つからです。

電磁場の影響力は、粒子の「電荷」の大きさによって異なります。電荷の小さい粒子は電磁場から受ける力が弱く、電荷の大きい粒子は受ける力が強い。それと同様、素粒子には、ヒッグス場から受ける影響力の度合いを表す「ヒッグス荷」があります。ヒッグス荷が小さい素粒子は場の影響も小さいので質量が小さく、大きいヒッグス荷を持つ素粒子は質量も大きくなる。電磁気力を運ぶ光子は、ヒッグス荷を持たないので質量がありません。つまり素粒子の質量は、「ヒッグス荷×ヒッグス場の値」に等しいのです。

ヒッグス場がこのような性質を持てば、弱い力を伝えるWボゾンや、それを放出・吸収するフェルミオンが質量を持っても、弱い力の働き方との矛盾が起きません。弱い力の三つの謎を解くことができます。ヒッグス場を考えた意義は、まさしくそこにありました。

しかし今のところ、そのヒッグス荷やヒッグス場の値がどのように決まったのかは理解されていません。素粒子の質量は実験によってわかっているので、これが「ヒッグス荷×ヒッグス場の値」になるように、ヒッグス荷やヒッグス場の値を逆算することはできます。しかし、その値を、基本原理から導出することはできていないのです。

ヒッグス粒子が「質量の起源」を説明すると思っていた人は、いまの話を知って拍子抜けしてしまったのではないでしょうか。「素粒子に質量があるのは、ヒッグス場とヒッグス荷とがあるからだ」としか言っていないからです。標準模型以前には「この世界の素粒子には質量がある」と言っていたのを、標準模型で「この世界にはヒッグス場とヒッグス荷がある」と言い換えただけです。どのようにしてヒッグス場の値とヒッグス荷が決まったかについては、口をつぐんでいるのです。「それだけでは、質量の本質や起源を何も説明していないではないか」と言いたくなる人もいるかもしれません。

それに対する私の答えは、「そのとおり！」です。

そもそも、素粒子論の研究者たちは、「素粒子の質量の起源を説明しよう」という問題意識で標準模型を考え出したわけではありません。ヒッグス場を導入したのは、弱い力の三つの謎を解くためです。そして、これを使うと電磁気の力と弱い力の統一も達成できることに気がついたのです。

ヒッグス粒子が「質量の起源である」という解説は、標準模型の形が整ってから何年も経ってから、この理論を一般の人々に説明するために創作されたもののようです。一般向けの科学広報や解説記事で「水飴論」のようなたとえ話が出てきてしまうのも、そもそもヒッグス場の仕組みを含む標準模型ですら理解できていない「素粒子の質量の起源」を、無理やり説明しようとするからでしょう。

同じ質量についてでも、たとえばハドロン（陽子、中性子、中間子などクォークからなる粒子）の質量については、基礎理論から「起源を理解した」と、胸を張って言うことができます。第三章で説明したように、陽子や中性子の質量の九九パーセントは強い力のエネルギーによるものであり、この強い力はヤン－ミルズ理論に支配されています。物理学者は、これだけのことを基本原理とし、これ以外には何も仮定しないで、ハドロンの質量を理論的に導きました。これは強い力を含む標準模型のすばらしい成果だと思います。そして、その本質は、エネルギーと質量が同じものであるという、アインシュタインの「$E=mc^2$」に尽きているのです。われわれを作っている物質の質量のほとんどは陽子と中性子の質量に由来し、その起源は強い力のエネルギーを「$E=mc^2$」で質量に翻訳したものなのです。

私は、万物の質量の説明としては、「水飴」よりも、「$E=mc^2$」のほうがよほどすばらしいと思います。

ヒッグス場は、残りの一パーセントとなる電子やクォークなどの素粒子の質量を生成します。しかし、標準模型は、素粒子ごとに異なるヒッグス荷の値がどのように決まったのかは説明しません。ヒッグス場の値を決める原理も持っていません。ヒッグス場の値や、さまざまな粒子が持つヒッグス荷は、素粒子の質量から逆算したものであって、基本原理から導き出されているわけではないのです。

素粒子の「質量の起源」は、標準模型では説明されなかった。しかし、本書をこれまで読んでくださった皆さんには、「質量の起源」などを持ち出さなくても、標準模型のすばらしさが十分にわかっていただけていると思います。標準模型を築いた研究者たちの本懐は、自然界の三つの力を、ヤン＝ミルズ理論という一つの理論で統一的に理解することでした。そしてそれはヒッグス場を使った対称性の自発的破れによって達成できたのです。

素粒子の質量の起源の理解は、標準理論を超える、さらに根源的な素粒子理論が解くべき問題であり、未来への宿題として残されているのです。

ヒッグス粒子はどのようにして生まれるか

ここまでの話を読まれて、「ちょっと待ってくれ。さっきからヒッグス場の話ばかりしているが、肝心のヒッグス粒子はどうなったのか」と疑問に思われる方がいらっしゃるかもしれません。

これまでの話で重要だったのは、南部＝ゴールドストーン・ボゾンでした。この粒子は、対称性が自発的に破れると必ず現れます。そしてこの粒子は、Wボゾンの縦波になります。前章で説明したように、対称性が破れなければ弱い力の粒子は質量を持たず、波としては横波しか持ちませんが、対称性が破れて質量を持つと、縦波が必要になります。そして、南部－ゴールドストーン・ボゾンがこの縦波に変身する。Wボゾンの縦波は実験で直接観測されているので、南部－ゴールドストーン粒子の存在も確認されていると言えます。

しかし、ヒッグス場から現れる粒子はこれだけではありませんでした。ヒッグスが、自分の作った模型をよく調べてみたところ、ヒッグス場の波の最小単位として、南部－ゴールドストーン・ボゾンのほかに、もう一つ、質量を持つボゾンが現れることがわかったのです。これがヒッグス粒子です。

この節は、ヒッグス場からヒッグス粒子が生まれる様子を詳しく知りたい読者のために書きました。本書の以下の話を理解するためには必要がないので、つまずきそうになったら次の節まで読み飛ばしてくださっても結構です。本書を最後まで読んで、さらに深い内容を理解したいと思ったら、この節に戻ってきてください。

ヒッグス粒子が現れる様子を説明するためには、まずヒッグス場とは具体的にどのようなものかを解説する必要があります。

図32に描いたようなボールの運動を考えてみましょう。中央部分の盛り上がった「山」と、それをぐるりと取り囲む「谷」の様子は、中心を固定してぐるぐる回しても変わりません。こ

の図は回転対称なのです。
そこであたかも下向きに重力が働いているかのように、ボールは下に向かったほうがエネルギーが低くなるとしましょう。標準模型には重力は含まれていないので、本物の重力が働いているのではありません。ヒッグス場の持つエネルギーがこの図のようになっていると考えるのです。

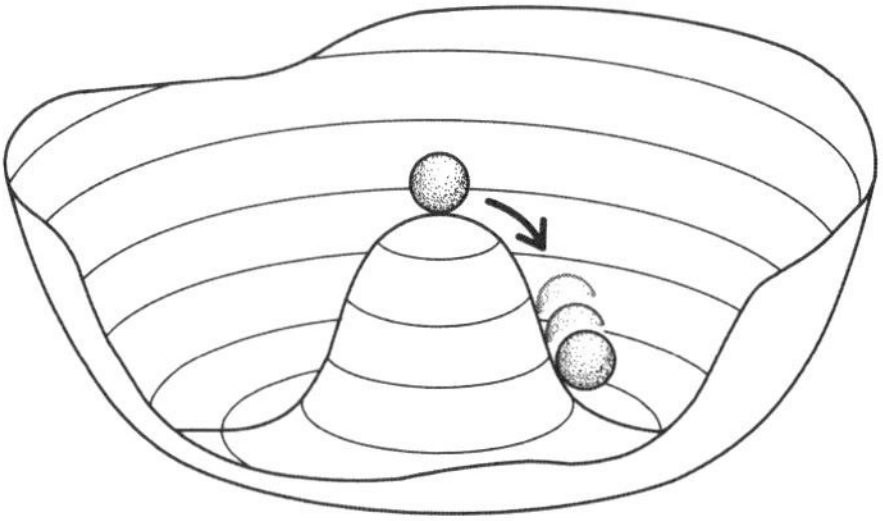

[図32]ヒッグスたちが考えた模型。山の頂上に置かれたボールは不安定であり、転がり落ちる。そのときに回転対称性が自発的に破れる。

山の頂上にボールを置いてみましょう。この時点では、まだ対称が保たれています。山の頂上は不安定で、ボールは山を転がり落ちてしまいます。すると、どうでしょう。谷底のある場所にボールが落ち着くと、その状態はもはや回転対称ではありません。ボールの位置によって特別な方向が選ばれて、対称性が自発的に破れてしまったのです。

さて、ヒッグス場の説明です。第二章で説明したように、場とは場所ごとに何らかの値が決まっているものです。ヒッグスたちの理論では、図に描かれたこのボールの位置を場の値と考えます。なじみのない考え方かもしれないので、もう少し説明しましょう。

前章でお話しした体育館のたとえでは、体育館の中の場所ごとの人の向く方向が決まります。この場合には体育館の中に、「人の向く方向の場」があると考えることができます。場所が違えば、そこにいる人の向いている方向が違ってもよい。これが場の考え方でした。

これと同じように、ヒッグス場があると、私たちの空間のどの場所に行っても、ヒッグス場の値が定まっています。「この場所でのヒッグス場の値は何ですか」と聞くと、図の中のある位置が指し示され、「これが、この場所のヒッグス場の値ですよ」という答えが返ってくるのです。ヒッグス場の図32に描かれたボールは、ヒッグス場の値を指定するためのもの。ヒッグス場の値は場所によって違ってよいので、場所ごとに図の中のボールの位置が動いていってもよいことになります。

たとえば、ヒッグス場の一番エネルギーの低い状態は、どの場所でも、ボールが谷底の決まった位置にある場合です。ヒッグス場がそのような値になると、対称性が破れてしまいます。

体育館のたとえでは、人々がゆっくり首振り運動をしても、ほとんどエネルギーがかかりませんでした。そして、首振りのさざ波の最小単位が、対称性の自発的破れに伴う南部－ゴールドストーン粒子でした。ヒッグス場でこれに対応するのは、ボールの位置が谷底に沿ってゆっくり動き回る運動です（図33）。谷底ではエネルギーが最小なので、ボールが谷底にとどまったままゆっくり動いていくのならエネルギーはほとんどかかりません。ヒッグス場の場合には、これから南部－ゴールドストーン粒子が生まれます。

ワインバーグ－サラム模型では、南部－ゴールドストーン粒子はWボゾンの縦波になって、これらのボゾンに質量を与える役割を果たします。

これに対して、ボールが谷底からよじ登ったり下りたりする運動も考えられます（図34）。この運動に対応する粒子が、ヒッグスの予言したヒッグス粒子なのです。

ヒッグス粒子を生み出す「上り下り運動」は、対称性の自発的破れには直接関与していません。Wボゾンの縦波になったのは、谷底を這い回る南部－ゴールドストーン粒子です。ヒッグス粒子は、いわばおまけのようなものでした。

実際、対称性が自発的に破れるのに、ヒッグス粒子が現れない理論もあります。弱い力の三つの謎を説明するもう一つ別の理論である「テクニカラー理論」がその例です。この理論には、図のような谷底をよじ登ったり下りたりする運動が含まれていないため、ヒッグス粒子に対応する粒

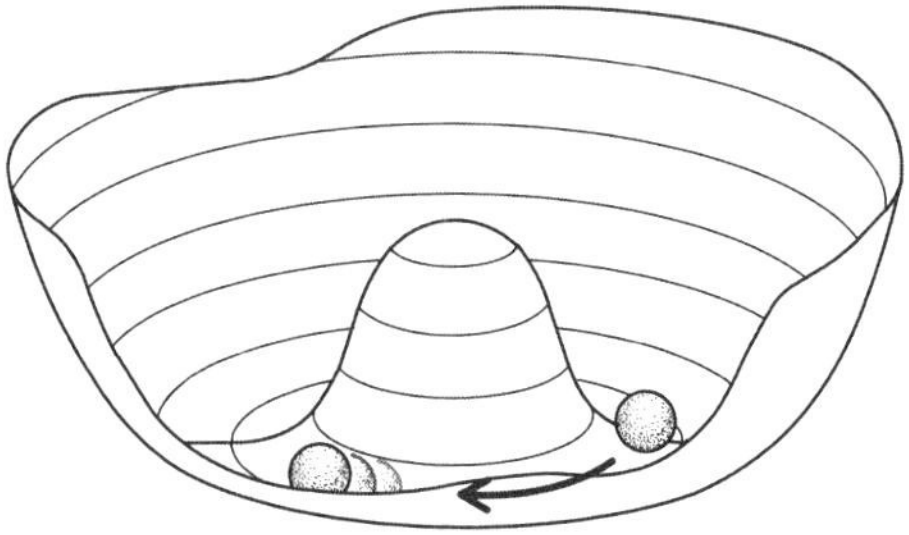

［図33］ボールが谷底を這い回る運動から、南部－ゴールドストーン粒子が生まれる。

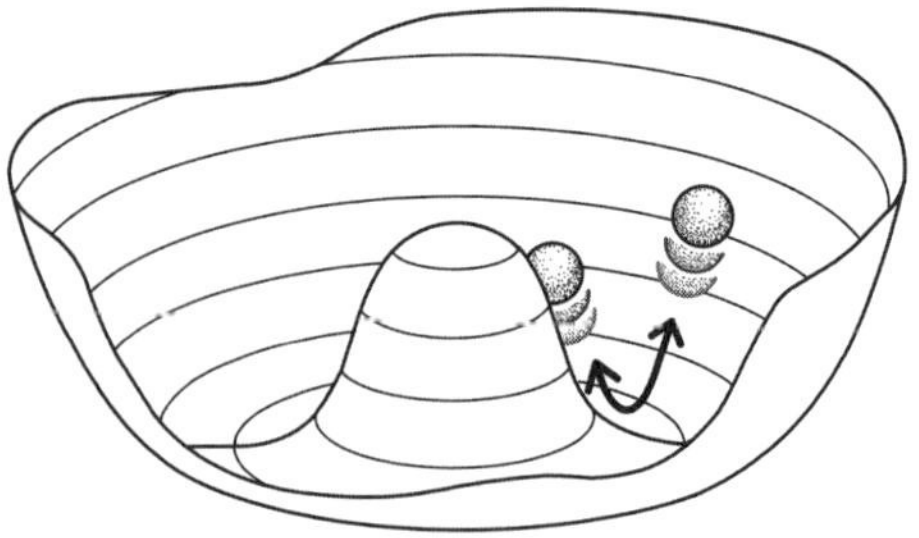

［図34］ボールが谷底をよじ登ったり下りたりする運動から、ヒッグス粒子が生まれる。

子を予言しません。

そのため、ヒッグス粒子は、対称性の自発的破れには必要ないにもかかわらず、ヒッグスたちの理論を象徴する存在になりました。ヒッグス粒子が発見されればヒッグスたちの理論が正しく、テクニカラー理論は誤りであることが検証できるからです。その意味で、ヒッグス粒子の有無が注目されていたのです。

ヒッグス粒子は「神の素粒子」ではない

以上、弱い力をめぐる三つの謎が、いずれもヒッグス場によって説明できることをお話ししてきました。いかがでしょう。「理屈はそれで合っているのだろうが、何となく後付けの言い訳のように感じる」——そんな印象を受けた人も多いのではないかと思います。カイラル対称性を自発的に破るためだけに、ヒッグス場という新しい場を理論に持ち込んでいるからです。

その印象は、的を射たものです。ヒッグスたちの理論が発表されたときは、素粒子論の専門家たちもそれと似たような印象を受けました。このように、いわばご都合主義で新しい材料を導入することを、私たち物理学者は「手で付け加える」などと言います。

もちろん理論的制約があってこのような提案がなされたのですが、物理学者の間でも「そんなものを勝手に付け加えていいのか？」とか、「無理筋ではないのか？」と疑問視する声がありました。ヒッグス粒子を予言しない「テクニカラー理論」のほうが素直な考え方だとする人も少なくありませんでした。

対称性の自発的破れのメカニズムにはいろいろな可能性があり、そのどれが自然界の基本法則に採用されているのかが大きな問題になりました。その中でも、ヒッグス場を使ったメカニズムは、ヒッグス粒子を予言することが特徴でした。そこで、ヒッグス粒子が存在するかどうかを見極めることが必要になったのです。

しかし、ヒッグス粒子を発見するのは容易ではありませんでした。というのも、ヒッグス粒子には質量があることはわかっているものの、その値を理論から予測することができなかったからです。

素粒子の標準模型には、粒子の質量や力の強さなど一八個のパラメータがあり、そのうちの一七個はすでにわかっていました。たとえばWボゾンの質量は、Wボゾンが発見される前から、弱い力の働き方によって計算され、予言されていました。しかし唯一ヒッグス粒子についてだけは、質量がわかりませんでした。ヒッグス粒子の質量が、一八番目の未定パラメータだったのです。

そこで、次のような「しらみつぶし」の方法が考えられました。

ヒッグス粒子の質量が、ある値、たとえば一〇〇GeV（一〇〇〇億電子ボルト）だったとしましょう。この値がもし正しければ、標準模型の一八個のパラメータは、これですべて決まったことになります。そうすると、標準模型で起きる現象は、すべて理論計算で正確に予言できます。たとえば、陽子を加速して正面衝突させたときに、ヒッグス粒子が生成され、さらにそれが崩壊してさまざまな粒子になったとしましょう。ヒッグス粒子の質量が一〇〇GeVとわかっていれば、標準模型で起きる現象は正確に計算できるので、どのような粒子がどれだけ、どのようなエネルギーで飛び出してくるか予測できます。これがそのとおり起きれば、質量が一〇〇GeVのヒッグス粒子が見つかった証拠になります。

もちろん、ヒッグス粒子の質量が「一〇〇GeVだったとしよう」と仮定した話なので、そうでないかもしれません。そこで、この作業を、ヒッグス粒子の質量として可能なすべての値についてくり返していきます。これが、「しらみつぶしのヒッグス粒子探索」です。

加速器で新粒子を探す場合、あらかじめ質量がわかっていれば、そのエネルギー領域にターゲットを絞って実験を行うことができます。しかし質量を知らないので、どれぐらいのエネルギーで衝突させれば検出できるのかがわからない。理論が発表されて以降、より高いエネルギーの加速器が建設されるたびにヒッグス粒子の検出が試みられましたが、質量がわからないためになかなか見つけられませんでした。

ご想像いただけると思いますが、これは大変な作業です。ヒッグス粒子が予言された一九六四年から、「ヒッグス粒子と思われる新粒子」が発見されるまでに、四八年もの歳月がかかったのもそのためです。

そんな苛立ちから、ヒッグス粒子についての解説書に『Goddamn Particle』というタイトルをつけようとした科学者もいます。フェルミ国立加速器研究所の二代目所長で、高校二年生のミュー型ニュートリノの発見などによりノーベル賞を受賞したレオン・レーダーマンです。

「goddamn」は「神（god）に呪われた（damn）」から転じて「こんちくしょう」とか「いまいましい」といった意味を持つ言葉です。普段使ってはいけない下品な言葉で、敬虔なキリスト教徒なら神への冒瀆とみなすほどです。実際、米国ではこの言葉が出てくる映画は、「一三歳未満の児童にはふさわしくない」という指定を受けてしまいます。そのため、担当の編集者が嫌い、このタイトルは採用されませんでした（と、レーダーマンの本の第一章に書いてあります）。

その代わりに編集者がつけたタイトルが『God Particle（神の素粒子）』です。マスコミ報道などでこの言葉を見聞きしたことのある人は多いでしょう。レーダーマンの啓蒙書のタイトルが一人歩きして、「神の素粒子」がヒッグス粒子の別名のようになってしまったのです。

しかし、もともとは「いまいましい素粒子」であり、それが素粒子物理学者たちの本音でした。そのためもあって、「神の素粒子」という俗称は専門家の間で評判が悪いことは知っておいてもよいでしょう。

で、ノーベル賞を受賞するのは誰なのか

そんな粒子ですから、本当にヒッグス粒子が発見されるのかどうか、多くの研究者が半信半疑の気持ちで見守っていました。場の量子論の整合性に導かれ、弱い力の働き方を数学的に説明するために、「手で付け加えた」ヒッグス場の予言なので、「無理やり感」があると感じる研究者もいました。しかも質量もわかりません。しかし、LHCの先代にあたる加速器LEPや、フェルミ国立加速器研究所の加速器テバトロンなどが、可能性のある質量領域をしらみつぶしに探してターゲットを狭めていきました。そしてついに、LHCがそれを見事に検出します。質量を追い詰めた結果、水素原子の一三四倍（すなわち一二六GeV）の質量を持つ新粒子が発見されたのです。

ヒッグス粒子が見つかった以上、ヒッグスたちの理論は机上の空論ではありません。自然界

が、人間が紙と鉛筆で考えた仕組みを採用していたことは、私たち物理学者にとって実に大きな驚きでした。

ヒッグス粒子発見のニュースを聞いたとき、私は、ワインバーグの次の言葉を思い出しました。

私たちの誤りは、自分たちの理論を真剣に取りすぎたということではなく、真剣に取らなすぎたということだ。

実験を支えたCERNの技術力の勝利であるとともに、理論の整合性から新しい粒子の存在を予言した数学の力の勝利だったのです。

これだけの大きな発見ですから、そう遠くない将来ノーベル賞の対象になるでしょう。先日もノーベル賞選考委員の一人と食事をする機会がありましたが、同席の人たちが「いつ、だれが」受賞することになりそうかを遠まわしに聞くので、私も耳をすませてしまいました（もちろん委員の方は秘密厳守なので、ヒントになるようなことはおっしゃいませんでしたが）。

先述したとおり、この理論は三つのグループがほぼ同時に発表しました。

ヒッグスは一九六四年の七月一六日に、この章の最初に登場した「特殊相対性を満たす理論では南部－ゴールドストーン・ボゾンは必ず存在する」と主張するギルバートの論文を受け取ります。最初は、これで対称性の自発的破れを素粒子論に使うことは不可能になったかと思いましたが、よく考えてみるとギルバートの論旨にギャップがあることがわかり、そこを詰めることで特殊相対論の枠内で「南部－ゴールドストーン・ボゾンが消えて、その代わりに光が質量を持つ」仕組みを発見します。南部が解明した超伝導のマイスナー効果の仕組みを、特殊相対論と組み合わせることに成功したのです。そして、この発見をまとめた論文を、二週間後の七月三一日にヨーロッパの『フィジックス・レターズ』誌に投稿します。

しかしこれはレフェリーに理解されず、却下されてしまいました。レフェリーからの手紙には、「この論文には緊急に出版する意義を認めない」と書かれていました。グロスが私との対談で語っているように、当時は場の量子論は役に立たないと思われ、素粒子論の中で傍流になっていました。ヒッグスの論文は場の量子論の言葉で書かれていたので、重要ではないと思われたのでしょう。ヒッグス自身も、「場の量子論は死んだ分野と思われていたから、理解してもらえなかったのだろう」と述べています。

そこで少し内容を改善しようと考えたヒッグスは、自分の考えた模型に「質量を持つスピンがゼロのボゾン」が現れることを予言する短い文章を加筆します。これがヒッグス粒子の予言だったことは言うまでもありません。

ヨーロッパの雑誌では理解してもらえないと考えたヒッグスは、その論文をこんどは米国の『フィジカル・レビュー・レターズ』誌に投稿し、八月三一日に編集部に届きます。しかし、今回もすぐには通りません。レフェリーは「これは良い論文だが、ちょうど八月三一日号に同じような内容の論文が掲載される予定なので、それを引用しなさい」とヒッグスに伝えたのです。それは、ヒッグスがギルバートの論文を読むよりも前の六月二六日に、ブラウトとアングレールが投稿した論文でした（ヒッグスの講演「私のボゾンとしての人生」より）。

しかし、そこには「質量を持つボゾン」についての記述がありませんでした。のちにアングレールは「そんなことは当たり前だと思った。ヒッグス場があれば、そのさざ波が粒子になるのは当然だ」と語っています。

ちなみに、ブラウトとアングレールの論文とヒッグスの論文のレフェリーは、両方とも南部陽一郎だったことがのちに明らかになりました。対称性の自発的破れの理論を構築した時点で、南部はそれが素粒子論に応用できることを予見していました。しかし自らは、それをヤン－ミルズ場に当てはめることは試みませんでした。本人の回想によると、マイスナー効果が理解されたので、これ以上説明することもないだろうと思ったとのことです。南部自身の興味は、対称性の破れを使って陽子や中性子、中間子などのハドロンの性質をすることに向かい、これは第一章や第三章でお話しした強い力によるハドロンの質量の導出につながりました。

マンハッタン計画の指導者だったオッペンハイマーは、ヒッグスの論文が出た後、南部に向かって「ヒッグスの論文を読んで、おまえの言っていたことがようやくわかった」と言ったそうです。

その頃ロンドンでは、グラルニク、ハーゲン、キッブルの三人も同様のアイデアを論文にしていました。しかし、それを投稿するちょうどその日に、ブラウトとアングレールの論文が掲載された『フィジカル・レビュー・レターズ』誌の八月三一日号と、ヒッグスの出版前の草稿が同時に届きます。キッブルたちの回想によると、英国のストライキの影響で滞っていた郵便が一挙に配達されたのだそうです。三人が「しまった」と顔を見合わせたかどうかは知りませんが、それでも投稿された論文は『フィジカル・レビュー・レターズ』誌の一一月一六日号に掲載されました。

そんな経緯があるので、すでに亡くなっているブラウト以外の五人（アングレール、ヒッグス、グラルニク、ハーゲン、キッブル）はいずれもノーベル賞の候補になりえます。しかし、ノーベル賞の受賞者は三人まで。ノーベル賞の選考委員会がどんな判断をするのか興味深いところです。

しかし彼らは、すでにノーベル賞よりもすばらしいものを手にしています。自分たちの考え出した理論が、自然界の基本法則に採用されていた。これが実験で確認されたことこそが、最も大切な宝物だろうと思います。

また、実際にヒッグス粒子を発見した実験物理学者も受賞に値するでしょう。LHCの実験には何千人もの研究者が関わっていますが、これまでのところ、ノーベル物理学賞はすべて個人が受賞しています。しかしノーベル平和賞では、国際赤十字のような組織が対象になるケースがいくつもありました。二〇一二年には、なんとEU(欧州連合)全体がノーベル平和賞を受賞しています。もしかすると、物理学賞では初めて組織としてのCERN、もしくはその中のLHC実験グループが受賞するかもしれません。

第七章 標準模型を完成させたCERNの力

物質を構成するフェルミオンは米国で発見され、その間の力を伝えるボゾンはヨーロッパで発見されます。標準模型の実験による検証の歴史は、加速器物理学におけるヨーロッパの勃興と米国の凋落の歴史でもありました。

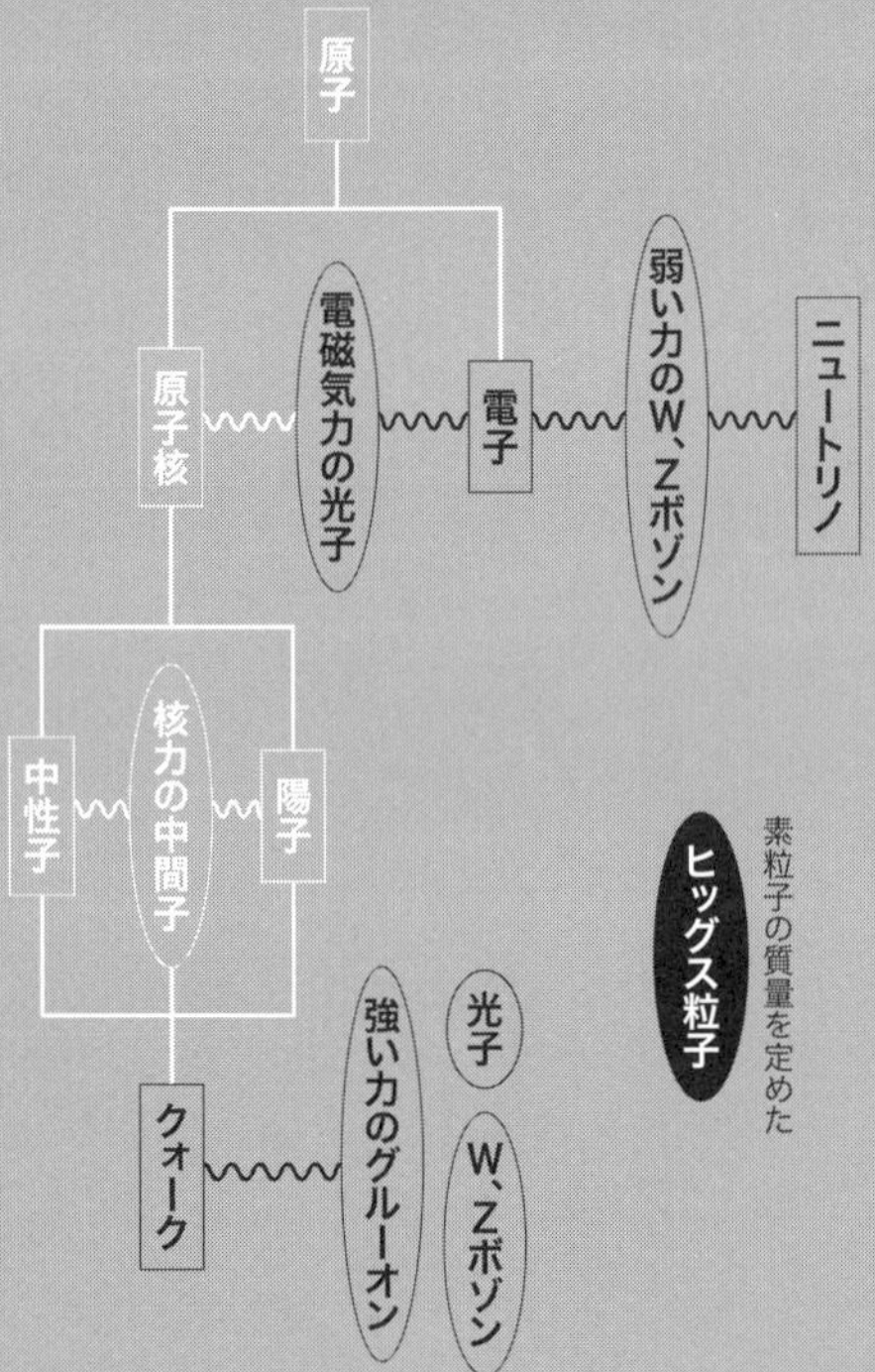

醜いカエルを王子様に変えた「トフーフトのキス」

ワインバーグ－サラム模型により、弱い力の三つの謎が解決し、電磁気の力と弱い力が統一されました。しかし、この理論はすぐ受け入れられたわけではありませんでした。

グロスが私との対談で述べていたように、一九六〇年代は「場の量子論」は役に立たないと思われ、素粒子論の分野で傍流になっていました。そのため、場の量子論を使うワインバーグ－サラム模型も注目されませんでした

ワインバーグ自身ですら、自分の作った模型をさらに深く調べようとはしませんでした。

そんな状況を打開したのは、やはりあの天才でした。本書の第三章でも大活躍した、トフーフトです。不可能だと思われていたヤン－ミルズ理論の「くりこみ」に成功したのち、ヒッグス場によって対称性が自発的に破れた場合にも「くりこみ」が可能になることを証明しました。つまり、ワインバーグ－サラム模型にも場の量子論が使えるということです。

このときベルトマンは、アムステルダムで開催した国際会議の一番最後に、愛弟子のトフーフトに一〇分間の講演枠を与え、こう紹介しました。

では最後に、トフーフト君に講演してもらいましょう。彼の理論は、今まで聞いたどれよりも優美なものです。

これによって、ワインバーグ－サラム模型をめぐる状況は一変しました。素粒子論の分野で多くの業績を残したシドニー・コールマンは、これを

トフーフトのキスが、ワインバーグの醜いカエルを王子様に変えた。

と表現しています。なにしろ、それまでワインバーグ論文の引用件数はわずか一件だったのですから、「醜いカエル」と言われてもやむを得ないでしょう。ところが現在では、それが素粒子物理学の分野で最も多く引用された論文となっています。

Zボゾンの発見で米国に一矢を報いたCERN

さて、トフーフトの「キス」によって理論的な裏付けを得たワインバーグ－サラム模型ですが、それが正しいと認められるには、実験による検証が必要です。その理論は、未知の粒子の存在を予言していたので、それを実験で確認しなければなりません。

その粒子は、すでに本書の中に何度も登場しました。弱い力を伝えるWボゾンとZボゾンです。ワインバーグ－サラム模型は、弱い力を伝えるボゾン粒子は二種類あると予言しました。

電荷を持つWボゾンと、電荷がゼロのZボゾンです。「W」は「ウィーク（弱い）」の頭文字ですから、命名の意味はわかるでしょう。では「Z」とは何か。ワインバーグは、「新粒子はこれで打ち止めである」と期待してつけたと言っています。Zは、アルファベットの最後の文字だからです。また、ゼロの頭文字なので、電荷がゼロであることもかけていたそうです。

二つのボゾンのうち、特に重要な意味を持っていたのはZボゾンの予言でした。というのも、Wボゾンの働き方はすでによく知られていましたが、Zボゾンのほうはそれによる反応自体が未発見だったからです。

ここで久しぶりに「ベータ崩壊」のことを思い出していただきましょう。これは、Wボゾンの働きによるものです。中性子がWボゾンを放出して陽子になり、そのWボゾンを受け取ったニュートリノが電子になる。「中性子→陽子」でも「ニュートリノ→電子」でも、粒子の電荷が変化しています。弱い力を伝えるWボゾンが、プラスやマイナスの電荷を持っているので、このような反応になるのです。

しかしワインバーグ－サラム模型の予言によると、Zボゾンのほうには電荷がありません。すると、どんな反応が起こるのか。たとえば電子とニュートリノがZボゾンをやり取りした場合、Wボゾンとは違って、粒子の種類は変わりません。電子とニュートリノがぶつかって、そのまま跳ね返ることになります。したがって、そのような反応が実験で観測されれば、Zボゾ

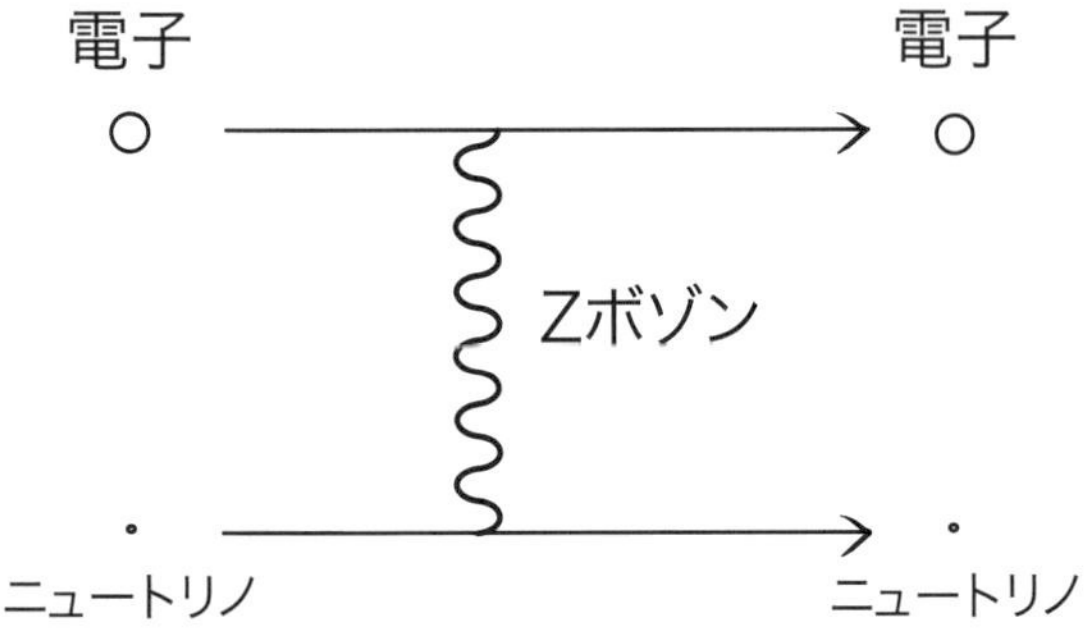

［図35］ワインバーグ－サラム模型は、Zボゾンを予言した。

ンが存在する間接証拠となり、ワインバーグ－サラム模型の正しさが証明されるわけです。

そして、これを発見したのはCERNでした。一九七三年のことです。

それまで、加速器実験の分野では米国がヨーロッパを業績の点で大きく引き離していました。一九五〇年代から六〇年代にかけての「新粒子の大豊作時代」を起こしたのも、米国の加速器です。バークレイのベバトロンやスタンフォード大学のSLACはすでに紹介しましたが、それ以外にも、ブルックヘブン国立研究所やフェルミ国立加速器研究所などの加速器が大活躍しました。第二次世界大戦から立ち直ったヨーロッパも、一九五四年に共同研究施設としてCERNを設立しましたが、米国にはなかなか追いつけなかったのです。

しかしCERNは、フェルミ研究所との競争に勝って、Zボゾンによる「電子＋ニュートリノ↓電子＋ニュートトリノ」の反応を確認しました。ここでようやく、ヨーロッパの加速器が米国に一矢報いたと言えるでしょう。

実は、ワインバーグたち以前にも、Zボゾンのような中性の粒子の存在の理論的提案はありました。しかし、ワインバーグ－サラム模型を使うと、Zボゾンが伝える力の大きさや、反応のタイプが精密に予言される。この定量的な予言がCERNの実験で検証されたことが決め手になります。グラショウ、ワインバーグ、サラムの三人が一九七九年にノーベル賞を受賞したのは、この実験を受けてのことでした。

フェルミオンは米国、ボゾンはヨーロッパで見つかる？

しかし、このときCERNの加速器が見つけたのはZボゾンによる反応であって、Zボゾンそのものではありません。未発見のWボゾンと合わせて、弱い力の粒子を直接発見する仕事がまだ残っています。

それを可能にした新しい加速器実験の手法を考え出したのが、カルロ・ルビアという実験物理学者です。彼はそれまで、米国のフェルミ国立加速器研究所でZボゾンの反応を確認する実験チームのリーダーを務めていました。Zボゾンの「間接証拠」の発見競争でCERNに負けたルビアは、「直接証拠」の発見では負けたくないと意欲を燃やしたのでしょう。

ルビアが考えたのは、陽子と反陽子を衝突させる実験でした。反粒子である反陽子を加速するなどというのは、それまでの加速器にはなかった奇抜なアイデアです。しかし、彼は加速器物理学の将来はそこにあると考え、一九七六年に、当時フェルミ国立加速器研究所の所長であったロバート・ウィルソンに提案しました。しかし、ウィルソン所長は、反陽子を加速するなど夢物語だと言ってとりあいません。そこで、ルビアは同じ提案をヨーロッパに持っていきます。そして、それまでルビアのチームと張り合っていたCERNは、米国の研究所に勝つチャンスだと、ルビアの提案を受け入れます。完成したばかりのスーパー陽子シンクロトロンと呼ばれる加速器を、反陽子加速器に改造するというのです。ルビアもCERNに籍を移しました。

しかし、ルビアの提案した実験装置を実現することは容易ではありませんでした。反粒子は粒子と出会うとすぐに対消滅して光になってしまいます。しかも、WボゾンやZボゾンを観測するためには、大量の反陽子を作って加速しなければいけません。これは、きわめて実現困難な課題でした。この問題を克服する方法を考え出したのが、オランダ出身のサイモン・バンデルメアという加速器の専門家です。彼は、五〇〇〇億個もの反陽子を同じ速さで一斉に同じ方向にそろえ、隊列を組ませるようにして走らせる革新的な技術を開発しました。これによって、ルビアの求める実験が可能になったのです。

CERNはこの加速器を使って、「UA1」と「UA2」という二つの観測チームに実験を

[図36]サイモン・バンデルメア(1925-2011)とカルロ・ルビア(1934-)

させました。これには互いに競争させる意味だけでなく、お互いの実験結果を照合して正確を期す目的もあり、ヒッグス粒子を発見したLHCでも同じことをしています。実際、LHCのCMS実験グループはUA1、ATLAS実験グループはUA2が発展したものです。

そして、CERNは一九八三年の一月にWボゾン、六月にZボゾンの発見を発表します。実験を提案しUA1のリーダーとしてこの新粒子の発見に成功したルビアと、その実験を可能にしたバンデルメアの二人は、直ちにその翌年のノーベル賞を受賞しました。これが、CERNの実験に与えられた最初のノーベル賞です。この時点で、ヨーロッパの加速器実験は米国と肩を並べたと言っていいでしょう。

Zボゾンの発見が発表されたときには、「ニューヨーク・タイムズ」紙は、「ヨーロッパ3、米国Z(ゼロ)も取れず」と題した社説を掲載し、自然界の基本的な力についての重要な理論が検証されたことはすばらしい。しかし、米国は物質の究極の構成要素を発見する競争でヨーロッパに先を越されてしまったと報じました（「3」というのは、プラスとマイナスの電荷のWボゾンとZボゾンを三種類の素粒子と数えたものです）。

米国のほうも、一九七四年にSLAC国立線形加速器研究所とブルックヘブン国立研究所が同時にチャームクォークを発見。フェルミ国立加速器研究所では、一九七七年にボトムクォーク、一九九五年にはトップクォークが発見されました。これらはフェルミオンです。このため当時は「フェルミオンは米国で発見され、ボゾンはヨーロッパで発見される」と言われたものです。

ヒッグス粒子はボゾンですが、もちろん、「ボゾンはヨーロッパ」などというジンクスを信じる人はいません。米国もそのヒッグス粒子検出レースに参加する準備を始めます。一九八七年にはレーガン大統領が、超伝導超大型加速器（SSC）の建設を承認。これは、二〇TeV（二〇兆電子ボルト）の陽子を正面衝突させて、四〇TeVのエネルギーまで出せる予定でした。

ところが米国の国家財政が逼迫したこともあり、米国の議会は一九九三年にその建設を放棄してしまいます。一周八七キロメートルの大トンネルを、三割まで掘り進んだところでした。

これは米国の素粒子物理学の研究にとって大きな痛手でした。私は、一九九四年に京都大学の数理解析研究所から、カリフォルニア大学バークレイ校の教授に移籍しましたが、米国でSSCの準備に携わっていた人々の落胆ぶりは痛々しいものでした。

しかし、その翌年にはフェルミ国立研究所のテバトロンがトップクォークを発見します。その後、テバトロンはヒッグス粒子の探索も行い、もしこの粒子が存在するのなら質量は一一五GeVから一五六GeVの間でなければいけない（つまりそれ以外の可能性は排除できる）ことまでは示せましたが、その発見にはいたりませんでした。二〇一一年にはテバトロンの運用は終了し、米国では巨大加速器実験の時代が終わりを告げています。

一方CERNでは、一九八九年に、一周二七キロメートルの地下トンネルに大型電子陽電子衝突器（LEP）を建設。電子と陽電子を衝突させるこの加速器で、標準模型のパラメータなどを精密に検証しました。

このLEPは二〇〇〇年に運用を終了しましたが、もちろんCERNがヒッグス粒子検出を諦めたわけではありません。むしろ、そこから本腰を入れたと言ったほうがいいでしょう。そこで、かつてLEPのあった地下トンネルに、世界最大の加速器LHCを建設することになりました。

なぜこんなに巨大な加速器が必要なのか

LHCが建設されるまで、世界で最も大きなエネルギーを生み出す加速器はフェルミ国立加速器研究所のテバトロンでした。これで加速された陽子と反陽子が衝突する際のエネルギーは最大で二TeV（二兆電子ボルト）弱。世界で初めて「TeV」レベルのエネルギーを達成したので「テバトロン」と名付けられたのです。

これに対して、CERNのLHCは最大一四TeV。テバトロンが「もはや時代遅れ」とされ、運用停止になったのも無理はありません。

素粒子物理学のエネルギー単位について思い出してみましょう。一eV（一電子ボルト）とは、一ボルトの電位差で電子を一個加速したときの運動エネルギー。一TeVなら、一兆ボルトで加速したときに対応する巨大なエネルギーです。

巨大なエネルギーを生む加速器が求められる理由は二つあります。一つは、質量の大きな新粒子を発見するには高いエネルギーが必要なこと。「$E=mc^2$」から、小さな質量は大きなエネルギーに転換されるわけですが、逆に言うと、質量の大きな粒子を作って検出するにはより高いエネルギーがなければいけないわけです。たとえばトップクォークの質量は、およそ一七〇GeV。陽子の質量の二〇〇倍弱もあるので、テバトロン級の高エネルギーがなければできません。

もう一つ、より根本的な理由は、「エネルギーが高いほど小さなものが見える」ことです。これまで素粒子物理学では、見るべきミクロの世界がどんどん小さくなってきました。当初は原子が「それ以上は分割できない素粒子」だと思われていたのが、原子核と電子、陽子と中性子、さらにはクォークといった具合に、「素」のレベルが一段ずつ下がってきたのです。その世界を実験で確認するには、より分解能の高い「顕微鏡」がなければいけません。

しかし、たとえば光学顕微鏡の分解能は一〇〇〇万分の一メートルが限界です。分解能は波長で決まる（波長が短いほど小さいものが見える）ので、可視光を使うかぎりはこれ以上は改善できません。

そこで開発されたのが電子顕微鏡でした。これは可視光線の代わりに「電子の波」を使う顕微鏡です。光に「波」と「粒」の両方の性質があるのと同様、量子力学ではあらゆる素粒子が「波」の性質を併せ持つので、電子もうまく制御すれば波として使えるのです。この電子顕微鏡の分解能は、一〇〇億分の一メートル。これは電子線の波長が可視光線の一〇〇〇分の一ということです。そして、「波長が短い」とは「エネルギーが高い」ということ。エネルギーが高いから、可視光線よりも波長の短い紫外線やガンマ線は人体にダメージを与えるわけです。

「より小さい世界を見る」加速器が、「より高いエネルギーを出す」ことを目指してきたのはそのためです。

たとえば、戦争中の一九四四年に作られ、終戦後には占領軍に破壊されてしまった理化学研究所のシンクロトロン（第三章参照）の分解能は、一〇〇兆分の一メートル。電子顕微鏡より一万倍も小さな世界が見えたのです。

では、CERNのLHCはどうか。こちらの分解能は、なんと一〇〇〇京分の一メートルです。光学顕微鏡と比べると、一兆倍も小さいものが見える。LHCは、高エネルギーを使った「世界最大の顕微鏡」だと言えます。

陽子を光速の九九・九九九九九九九パーセントまで加速

LHCは、先代のLEPと同じく、地下一〇〇メートル、円周二七キロメートルのトンネルを使った加速器です。LEPは電子を使いましたが、こちらは陽子。右回りと左回りにそれぞれ光速の九九・九九九九九九九パーセントまで加速した陽子同士を、正面衝突させる仕組みです。

電子ではなく陽子を使ったのは、電子で同じエネルギーまで加速しようとすると、放射光を発しすぎてエネルギーをロスするためでした。陽子のほうが電子よりも重いので、エネルギーを上げても放射光を発しにくいのです。

衝突の起こる場所に置かれた検出器は「ATLAS」と「CMS」の二つ。これを、二つの実験チームがそれぞれ使います。陽子の衝突は一秒間に一〇億回ほど起きますが、そのうちヒ

［図37］LHCトンネルの中の陽子加速装置。超伝導電磁石で陽子の運動を制御する。
©CERN

ッグス粒子の検出に関係するイベント（事象）は、一兆回に一回程度しか起きません。そのため、膨大な情報を急速に処理する計算力が必要になります。インターネットでお馴染みのＷＷＷ（ワールド・ワイド・ウェブ）による情報共有システムはＣＥＲＮで開発されましたが、ＬＨＣのために「グリッド」と呼ばれる計算力を共有する技術も編み出しています。これによって、膨大な実験データを処理できるようになったのです。

また、この加速器を作る上で最も重要なハイテク部品は、「磁石」でした。ＬＨＣは円形加速器ですから、超高速で飛ぶ陽子の進む方向を強力な磁力で曲げなければいけません。そのために用意されたのは、液体ヘリウムで絶対温度一・九度まで冷却して超伝導状態にした電磁石です。ヒッグス粒子を予言する理論は、超伝導理論に触発された南部のアイデアから生まれました。そのヒッグス粒子を探索するために超伝導の技術が使われたのですから、何やら因縁めいたものを感じなくもありません。

ちなみにLHCで使用される電磁石の総重量は二七トン。それを冷却するために九六トンもの液体ヘリウムを使用します。このためLHCは、「世界最大の冷蔵庫」にもなりました。

LHCではたくさんの陽子を同時に走らせて衝突させますが、その全運動エネルギーは、時速一五〇キロメートルで走るTGV（フランスの高速鉄道）に匹敵します。ヘリウムの冷却、超伝導電磁石、陽子の加速などに使われる電力は、CERNのあるジュネーブ市の全家庭の消費電力に相当するというのですから、いかにスケールの大きな実験かがわかるでしょう。

初の実験成功から九日後に悲惨な大事故

そのLHCの完成までの道のりで、デザインと建設の両面で指導的な役割を務めたのは、リンドン・エバンスです。英国ウェールズの炭鉱労働者の家庭に生まれ、地元の大学を卒業したエバンスは、陽子シンクロトロンの時代からCERNの加速器に関わっていました。これは、Zボゾンの存在を間接的に裏付ける「電子＋ニュートリノ→電子＋ニュートリノ」の反応を検出した加速器です。エバンスはその後、スーパー陽子シンクロトロンのデザインを担当し、そのプロジェクト・リーダーになりました。この加速器が、WボゾンとZボゾンの発見に活躍したことは、先ほど述べました。さらにＬＥＰの建設にも関わり、その後継機であるＬＨＣ計画が承認されると、技術者のリーダーとしてＬＨＣ担当の副所長にまで上り詰めたのです。

エバンスが心血を注いで作り上げたＬＨＣで、最初の陽子がトンネルを回ったのは、二〇〇八年九月一〇日のことでした。午前一〇時三〇分に時計回りに陽子を回し、その四時間半後には反時計回りも成功。コントロール室の真ん中でその様子を見ていたエバンスは、「やった！」と快哉します。

ところが九日後の九月一八日、エバンスは会議中に突然、現場から呼び出されます。「クェンチ」と呼ばれる緊急事態の発生でした。電気系統の接続不良でヘリウムの温度が上がり、超伝導状態が失われたのです。

［図38］リンドン・エバンス
（1945-）

超伝導状態では電流が抵抗なしに流れるので、強い電力を流しても抵抗による熱が起きません。だからこそ、強力な電磁石が可能になるのです。そこで超伝導状態が失われれば、電磁石が機能しなくなるだけでは済みません。流れている強力な電流に抵抗が生じ、温度が急激に上昇します。ヘリウムが絶対温度一〇〇度まで上昇し、六トンものヘリウムが気化してしまいました。そして、気化したヘリウムは急激に膨張し、圧力障壁を次々に破壊していったのです。

エバンスが駆けつけたとき、現場はすでに悲惨な状態になっていました。ヘリウムが充満しているため、トンネル内には入れません。酸素マスクをつけた消防隊員が入ると、超伝導電磁石はコンクリートの土台から引きちぎられ、五〇〇メートルにわたって灰や煤が降り積もっていました。高温のため、電子回路をつなぐ五〇〇キログラムもの銅線が溶けてしまいました。

この事故で、CERNはLHCの運転をいったん停止。五三台の超伝導電磁石を修理し、電子系統を検査するのに、一年以上かかりました。運転を再開したのは、二〇〇九年一〇月末。この事故がなければ、ヒッグス粒子発見も早まったかもしれません。

先述したとおり、LHCは一四TeVのエネルギーで衝突を起こせるように設計されています。しかし運転再開当初はその半分のエネルギーを目標にし、二〇一〇年三月に七TeVを達成しました。さらに二〇一二年四月には八TeVを達成し、その三カ月後にヒッグス粒子と見られる新粒子発見を発表。二〇一三年初めからは長期休止期間に入り、電子系統を完全に検査してから、一四TeVでの運転を始める予定になっています。

「偶然は一七四万回に一回」レベルの現象が「発見」

さて、それでは、このLHCの実験ではどのようにヒッグス粒子の存在を確認したのでしょうか。

実は、ヒッグス粒子は生まれるとすぐに崩壊してしまいます。前章で、標準模型の素粒子の質量は、「ヒッグス荷×ヒッグス場の値」で決まると説明しました。つまり、質量を持つ素粒子は、すべてヒッグス場の影響を受けているのです。このため、ヒッグス粒子は、質量を持つ素粒子とその反粒子の対に崩壊することができます。素粒子の質量が大きいほど、ヒッグス荷が大きいので、崩壊も早く起きる。標準模型を使って計算すると、ヒッグス粒子の寿命はおよそ、一〇の二二乗分の一秒という短いものであることがわかります。

このようにすぐに崩壊してしまう粒子なので、それ自体を見ることはできません。そう聞くと、意外に感じる人もいるでしょう。発見直後の報道では「ヒッグス粒子は私たちのまわりの空間にぎっしりと詰まっている」という説明がよく見られたからです。

しかし、当たり前のことですが、すぐに崩壊してしまう粒子を「空間にぎっしり詰める」ことなどできません。マスコミ報道では「場」の説明をする余裕がないので、「粒子が詰まっている」という言い方をせざるを得なかったのでしょうが、この空間を満たしているのは、ヒッグス粒子ではなくヒッグス場です。

どの場所にも電磁場があり、重力場があり、気圧の場や温度の場があるのと同じように、ヒッグス場が存在しているのです。ヒッグス粒子は、その場に生じる波の最小単位です。この波を観測して、ヒッグス「場」の存在を検証することが、実験のそもそもの目的なのです。

私たちの周りには空気が満ちていますが、その存在はどのようにしてわかるか考えてみましょう。たとえば、手を叩いて、「パチン」という音を立てたとします。手を叩いたときの衝撃が、空気を揺らして、波を起こす。その波が音として私たちの耳で観測できる。音がするということで、その音を伝える空気があるということがわかるのです。

ヒッグス場の存在の検証も同じことです。手を叩く代わりに、二つの陽子を超高速で衝突させます。そのときの衝撃で、ヒッグス場を揺らして、波を起こす。その波が、ヒッグス粒子として観測されるのです。

ただし、ヒッグス粒子はすぐに崩壊してしまうので、検出器で見るのは、それが崩壊することで生じる別の粒子です。

ここで、CMS実験グループが発表した実験データのグラフを見ていただきましょう（図39）。このグラフは、未知の粒子が二つの光子に崩壊したイベントのデータです。縦軸はイベント数で、横軸は二つの光子のエネルギーの和。もしヒッグス粒子が二つの光子に崩壊したのであれば、「$E=mc^2$」で、二つの光子のエネルギーの和がヒッグス粒子の質量に等しいことになります。

素粒子の標準模型には一八個のパラメータがあり、ヒッグス粒子の質量がわかると、そのす

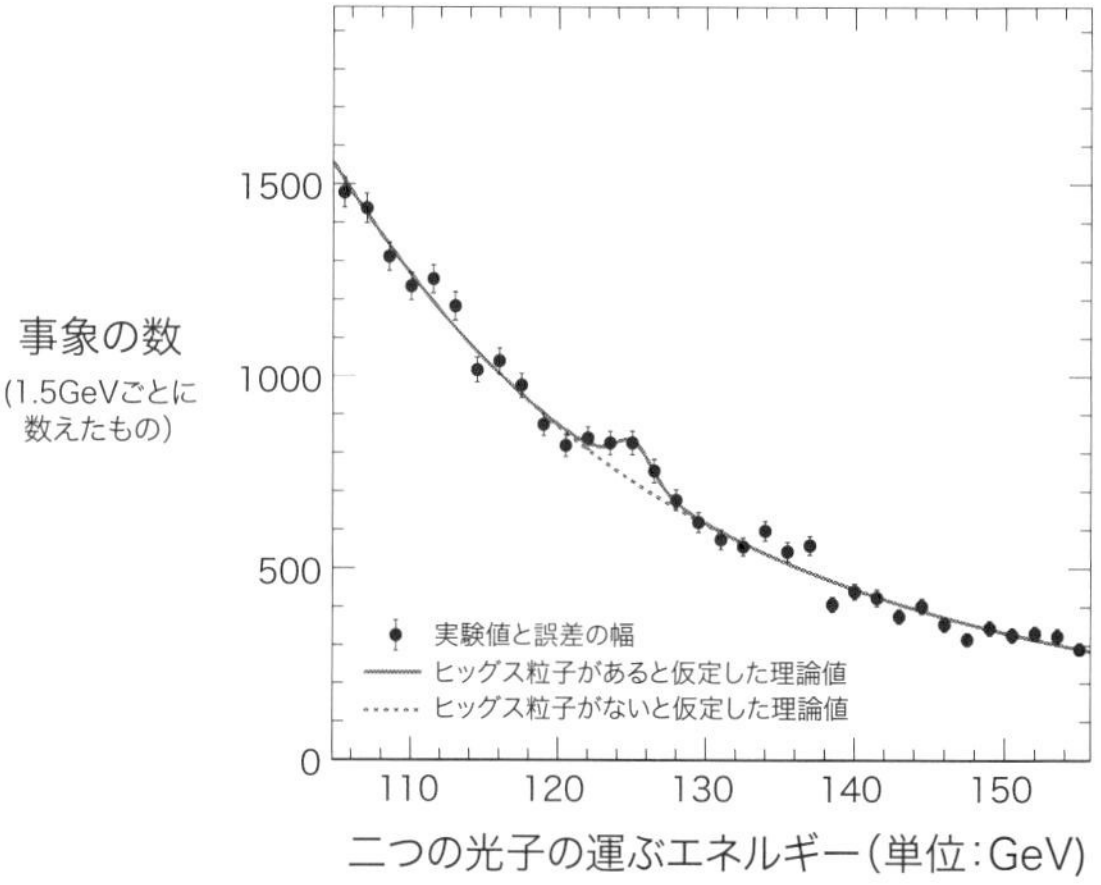

出典:Physics Letters B716(2012)30-61.

[図39]CMS実験グループが2012年夏に発表した、ヒッグス粒子と考えられる新粒子の証拠。

べてが定まります。つまり、標準模型で起きる反応は、すべて理論計算で予想できることになります。

グラフの実線は、ヒッグス粒子の質量が一二六GeVだと仮定したときに、陽子同士の正面衝突から出てくる二つの光子の数を理論的に計算したものです。これに対し、破線は、このような計算の中で、ヒッグス粒子ができるプロセスだけを勘定からはずしたものです。つまり、ヒッグス粒子が存在し、その質量が一二六GeVならば実線で、一二六GeVのあたりにバンプ（盛り上がり）があります。一方、ヒッグス粒子が存在しなければ破線のようなデータになるはずです。丸で表されているのが実験のデータで、バンプのある実線の上にきれいに乗っていることがわかります。これが、一二六GeVの質量を持つ新粒子が存在する証拠になりました。

ただし実験にはさまざまな不確定性があるので、こうしたデータは慎重に読まなければいけません。陽子同士が衝突したときにどんな粒子が生じるかは確率的にしかわかりませんし、検出器の動作にも誤差があります。そのため、測定結果にある程度の不定性、すなわち「揺らぎ」が生じるのは避けられません。図39で黒丸から出ている縦棒は、その揺らぎの大きさを見積もったもの。揺らぎが大きすぎると、ヒッグス粒子の存在を示すバンプが確認されたのか、揺らぎのためにバンプがあるように見えているだけなのか、区別がつきません。バンプの高さよりも揺らぎが十分小さくないと、新粒子の発見とは言えないのです。

では、「揺らぎが十分に小さい」とはどの程度か。新粒子発見の発表の半年前の二〇一一年一二月、CERNは「一二四GeV～一二六GeVあたりに新粒子の可能性がある」と発表しました。新聞やテレビではそれを「九九・九八パーセントの確率で発見」などと報じましたが、それはどういう意味でしょうか

九九・九八パーセントの確率とは、統計の揺らぎの効果（つまり偶然である確率）が〇・〇二パーセント、すなわち五〇〇〇回に一回ということを意味します。たとえば、サイコロを投げて一の目が五回続けて出る確率は七七七六回に一回ですから、当時のLHCデータでは、新

粒子の証拠ではなく、偶然のいたずらであった可能性が、それより大きいということになります。もしラスベガスのカジノでサイコロの目が五回続けて一になったときに、胴元を呼んで「あのサイコロには細工がある」とクレームをつける勇気が、あなたにはあるでしょうか。私なら、腕をへし折られてカジノから放り出されるのはいやなので、もっと確信がなければそんなことはできません。

素粒子物理学でも、この程度の確率では「発見」とは認めません。一〇年ほど前から、統計の揺らぎとして起きる確率が三七〇回に一回以下の現象は「観察（observation）された」としか言えないという慣例ができました。「発見（discovery）した」と言えるのは、「偶然」が一七四万回に一回以下の現象だけです。実際、過去には三七〇回に一回レベルの現象を「発見」と発表しながら、追試によってその結果が否定されるケースがいくつもありました。そのため『フィジカル・レビュー・レターズ』誌と『フィジックス・レターズ』誌といった素粒子物理学の分野の権威ある査読雑誌が、「発見」の基準を厳しく設定することになったのです。

この素粒子実験における「発見」の基準は、偏差値で決まっているとも言えます。

偏差値と言うと、受験生が気になる数字です。模擬試験では、試験によって成績の平均やバラツキが異なるので、それを同じ基準で比較するために偏差値を使います。偏差値が五〇だったら、ちょうど平均点。偏差値が六〇以上になるのは約六人に一人、七〇以上になるのは約四四人に一人と、偏差値が大きくなるほど珍しくなります。四四人が試験を受けたら、偏差値が七〇以上になるのはそのうちの一人ぐらいということです。

素粒子実験では、「三七〇回に一回」の現象では「観察」としか言えないと書きましたが、これは偏差値で言うと八〇以上か二〇以下。偏差値が平均から三〇以上ずれているということです。また、「発見」が宣言できる「一七四万回に一回」とは、偏差値が一〇〇以上、もしくは〇以下。つまり、平均から五〇以上ずれているということです。偏差値が一〇〇以上になったり、マイナスの値になるなんて聞いたことがないかもしれませんが、そのくらい珍しいことが起きないと素粒子実験では「発見」とは言えないのです。

このように精密な分析が行われるので、データの取り扱いも慎重です。データ解析に予断が入らないように、大きな実験グループの中でも解析中には、その全貌を知っている人はかぎられています。そして、結果がどのようなかたちで発表されるべきかは、グループ内の数多くの研究者の合意のもとで決定されます。七月四日の発表の二週間前になっても、CERNの所長ですらどのような発表になるのか正確には知らなかったのはそのためです。

ATLASとCMSという二つの実験グループに分かれている理由の一つも、独立した検証を行うことで客観性を増すためです。たとえば、正式発表までは、二つのグループはデータを共有しないことになっています。

しかし、物理学者も人間ですから、人の口に戸は立てられません。CMSグループに属している研究者に、「二つのグループの間では実験についての話はしないことになっているのですか」と聞いたところ、「実は、僕のガールフレンドはATLASグループの研究者なので、お互いに秘密というわけには……」との答えでした。

結果的には、ATLASとCMSの両実験グループとも、偏差値が平均から五〇程度離れた現象を確認しました。実験データをグラフに描くときには、偏差値が四〇から六〇までの幅を太い縦棒で表すので、先ほどのグラフで「バンプ」の高さが縦棒の約五倍の長さだったということです（精度が高すぎるので、図では縦棒が見えないほどになっていますが）。これを受けて、CERNのロフル・ホイヤー所長は新粒子の発見を宣言し、会場に詰めかけた人々も、ウェブキャストで見守っていた私たちも、大きな拍手を送ったのでした。

新粒子は本当にヒッグス粒子なのか

では発見された新粒子は本当にヒッグス粒子なのでしょうか。

まず、二つの光子に崩壊したということから、その粒子がボゾンであることがわかります。もしフェルミオンだったら奇数個のフェルミオンが、ボゾンだったら偶数個（ゼロ個も含む）のフェルミオンが、崩壊によって放出されるはずだからです。

さらに、新粒子が二つの光子に崩壊する割合が標準模型の予想のカーブとぴったり合ったということ（図39）は、新粒子がヒッグス粒子である大きな証拠でした。

ヒッグス場の重要な役割は、WボゾンやZボゾンに質量を与えることです。そのため、ヒッグス粒子は二つの光子だけではなく、二つのWボゾンや二つのZボゾンにも崩壊します。ヒッグス場が弱い力の対称性の自発的破れを引き起こしていることの検証には、こうした崩壊が観測されなければいけません。二〇一一年一二月に新粒子の「兆候」があると発表されたときには、WボゾンやZボゾンへの崩壊が確認されていませんでした。しかし、その後半年間の実験によりこうした崩壊が確認されたので、二〇一二年の七月四日には「ヒッグス粒子と考えられる」新粒子の発見という発表になったのです。

その後、二〇一二年一一月に京都で開かれた国際会議では、WボゾンやZボゾンへの崩壊が確認されただけでなく、その割合が標準模型の予言とよく一致していることが発表されました。また、ヒッグス粒子が、タウ粒子やボトムクォークなどのフェルミオンの対に崩壊する様子も見え始めました。ヒッグス粒子はこれらのフェルミオンにも質量を与えるので、フェルミオンの対に崩壊することを確認できたことは重要です。新粒子がヒッグス粒子である可能性がさらに高まったと言えるでしょう。

標準模型では、クォークや電子、ニュートリノのようなフェルミオンはスピン、すなわち角運動量（回転の単位）を持ちます。また、光子、グルーオン、WボゾンやZボゾンは横波や縦波を持ち、これはこれらの素粒子がフェルミオンの二倍のスピンを持っていることを意味しています。ところが、ヒッグス粒子はスピンを持たない「のっぺらぼう」の素粒子です。このような性質の素粒子はヒッグス粒子だけなので、この性質を確かめることは重要です。その検証は今後の課題です。

人類の知の最高傑作・標準理論の完成

こうした検証を経て、この新粒子がヒッグス粒子であることが確定した場合の意義について、ここでもう一度考えてみましょう。

ワインバーグは、実験物理学の発見を、その意義によっていくつかのタイプに分類しています。

① 誰も予想していなかった発見があります。本書の例では、「こんなもの誰が注文したんだ」と言う人まで現れた、第二世代のミュー粒子の発見がそれにあたるでしょうか。実験物理学者にとっては、このような発見が一番の醍醐味かもしれません。

② これまで受け入れられてきた理論と矛盾せず、理論的な可能性としては考えられていたが、真剣に受けとめられていなかったので、大きなインパクトとなった発見があります。

最近の例で言えば、二〇一一年のノーベル賞の対象となった、宇宙の加速膨張がこのよい例でしょう。受賞者のソール・パールマッター、ブライアン・シュミット、アダム・リースを含む二つのグループは、遠方の超新星の観測によってこれを発見しました。普通の物質やエネルギーは、重力の効果で宇宙の膨張速度を徐々に減速するので、加速膨張は何か未知のものによるものと考えられています。正体がわかっていないので暗黒エネルギーと呼ばれていますが、それ以前にも理論的可能性としては考えられており、アインシュタインの一般相対論と矛盾するものでもありません。実際、ワインバーグ自身も発見の一〇年前に、その可能性を指摘し、大きさを見積もっていましたが、実際に発見されるまでは注目されていませんでした。

③理論的予言の検証になる実験があります。パウリが予言していたニュートリノの発見。Zボゾンが伝える力によると考えられる反応を検出し、ワインバーグ－サラム模型を確立したCERNの実験などがこの例です。後者により、グラショウとワインバーグ、サラムはノーベル賞を受賞しました。

④もはや疑いはないものの、そこにあるはずだから発見されなければならないもの。それを発見することで、理論の内容がさらに深く理解できるようになるものがあります。ワインバーグは、CERNに初のノーベル賞をもたらしたWボゾンやZボゾンの発見をこ

の例にあげています。

⑤

最後に、すでに確立した物理学の体系の一部となっている理論を覆してしまうような発見が考えられます。もちろん何世紀もさかのぼれば、プトレマイオスの天動説が十六〜十七世紀の天体観測によって地動説に取って代わられたような例はあります。しかし、ワインバーグは、理論の数学的整合性と実験による検証の両輪で着実に進む物理学の方法の確立により、ここ一〇〇年の間にはこのような例はないと強調しています。二〇一一年九月に、ニュートリノが光より速いとした実験結果が発表されたとき、新聞などでは「アインシュタインの相対論が覆るのか」とか「タイムマシンが可能になるのか」などと扇情的な報道がなされましたが、多くの物理学者が懐疑的だったのはそのためです。私自身も、この発表の翌月に出版された雑誌『科学』（岩波書店）の記事で、この実験について解説し、

物理学の理論にはそれが適応される領域というものがあり、確立した理論はその領域の中では十分にテストされていて、その領域の中では法則が変更されることはない。……拙速な結論に飛びつく前に、実験の誤差の評価など地道な問題を一つずつ精査していくことが先決である

と結びました。結局、この結果は光ケーブルの接続不良によるものであることがわかり、二〇一二年六月に京都で開かれた国際会議で正式に撤回されました。

ヒッグス粒子の発見は、この中で三番目の「理論的予言の重要な検証」にあたるものです。テクニカラーのような理論もあるので、ヒッグス粒子があることは保証されていませんでした。今回の新粒子がたしかにヒッグス粒子であることが確認されると、素粒子の標準模型が予言する素粒子がすべて発見されたことになります。

標準模型は、特殊相対論、量子力学、ゲージ理論（ヤン－ミルズ理論）、対称性とその自発的破れなど、二十世紀物理学の主要なアイデアを緻密に組み合わせることで構築された、人類の知の最高傑作の一つと呼んでいいでしょう。それが自然界の成り立ちをたしかに説明しているとすれば、本当にすばらしいことです。この理論の構築に関わった理論物理学者、その検証に努力されてきた実験物理学者や技術者の皆さんに、心からお祝いを申し上げたいと思います。

終章　まだほんの五パーセント

素粒子の標準模型は、ヒッグス粒子の発見によって完成しました。しかしこれで自然界の基本法則の探究が終わるわけではありません。標準模型には、まだ数多くの課題が残されています。私たち素粒子物理学者は、さらに根源的な理論を求めて研究を続けていきたいと願っています。このように、科学者が好奇心に駆られて追究する知識は、社会全体にどのように役に立つのでしょうか。このような基礎研究を続けることに、どのような意義があるのでしょうか。

増改築を重ねた温泉旅館のような構造

ここまで、素粒子の標準模型の中でヒッグス場やヒッグス粒子が持つ意味や役割についてお話ししてきました。なかなかヒッグス粒子の話にたどり着かず、いろいろな理論が次から次へと登場するので、途中で道に迷いそうになった人もいるかもしれません。それも無理はないでしょう。標準模型は、いわば何十年もかけて増改築を重ねてきた温泉旅館のようなもの。そう簡単にはわからない構造になっているのです。

前著『重力とは何か』で詳しく紹介した一般相対論は、アインシュタインという飛び抜けた才能を持つ科学者がほぼ一人で築き上げました。これは、実にシンプルかつ壮麗な美しさを持つ理論です。彼は、ニュートンの重力理論と自らの特殊相対論の矛盾を解決するために、「時間や空間の性質が重力を伝える」という驚嘆すべき発想からスタートし、すべての答えを数学的に導き出しました。そこには、「この理論しかありえない」と人を納得させるだけの力強さがあります。

それに対して標準模型は、四〇名以上のノーベル賞受賞者を含む数多くの物理学者たちが、さまざまなアイデアを出しあって作り上げたものです。何か辻褄の合わないことが見つかるたびに別の理論を継ぎ接《は》ぎして、苦労して織り上げたパッチワークのようなものです。

しかも、そこには「これしか考えられない」という必然性がありません。理論的には、別の可能性がいくらでも考えられるのです。たとえば、標準模型は「三つの力」を説明するものですが、この三つ以外の力があってもよかったはずです。また、なぜか「六－三－三制」になっている粒子の種類も、別の可能性がありました。もちろん実験結果がそれを支持しているのですから現実にはそれが正しいのですが、なぜそうでなければならないかが基本原理から説明されているわけではありません。

標準「理論」ではなく、標準「模型」と呼ぶ理由もそこにあります。物理学では、自然の現象を数学の言葉に置き換えて説明することを「モデルを作る」と言います。数ある理論の中から、実験結果と照らし合わせて、一番もっともらしい「モデル」を選んでくる。これは近代科学の方法としてはまさしく正統ですが、アインシュタインの重力理論のように基本原理だけから理論の全貌が決まってしまうという状況とは異なります。ヤン－ミルズ「理論」や、南部「理論」、ヒッグス場の「理論」など、さまざまなアイデアを組み合わせて素粒子現象を説明する「モデル」を作った。ある特定の現象ではなく、これまで知られているほとんどすべての実験結果を網羅し説明できる理論モデルなので、「標準模型」と呼ぶのです。

弱い力を伝えるWボゾンやZボゾンに質量を与える仕組みにしても、ヒッグス場を使わずに説明する模型はありました。ヒッグス場の理論を受けてワインバーグらが電磁気力と弱い力の統一模型を作った後も、それとは別のさまざまな理論模型が提案されてきました。しかしその後の実験によって、こうした可能性はすべて否定されました。最初から理論的に「これしかない」だったのではなく、実験の裏付けによって、ワインバーグ－サラム模型が選ばれたのです。

そうやって時間をかけながらじわじわと築かれたものなので、「相対論」や「不確定性原理」のように結論をスパッと言い切る切れ味のある名前はつけられません。「地図を持たない旅人」たちが、多くの可能性の中から条件に合うものを模索しながら進んできたので、「標準模型」という何やら官僚が名付けたような無難な呼び方しかできなかったのです。

相対論はゴールデンゲートブリッジ、標準模型は新宿駅

このような標準模型の美しさは、一見してわかるものではありません。アインシュタインの理論と標準模型を比べたとき、私はそこに「ゴールデンゲートブリッジ」と「新宿駅」のような違いを感じます。

ゴールデンゲートブリッジは、サンフランシスコ湾の金門海峡の両岸をつなぐというたった一つの目的のために建設されました。アインシュタインの一般相対論も、「重力とは何か」を理解するという一つの目的のために作られた理論です。だからこそ、どちらもエレガントな美しさを持っているのでしょう。

一方、新宿駅の目的は一つではありません。この世界最大の鉄道駅には、毎日、横浜市の人

口に匹敵するほどの人々があちこちから押し寄せ、それぞれの目的にしたがって移動します。新宿を経由してほかの場所へ向かう人もいれば、新宿に会社や学校がある人もいる。そこで買い物をする人もいれば、待ち合わせのために駅を利用する人もいるでしょう。そういう人々を効率よくさばくためには、どうしても複雑な構造にならざるを得ません。見た目の美しさを考える余裕はないのです。しかも鉄道や都市そのものの成長に合わせて駅も成長し続けなければいけないので、新宿駅はおそらく永遠に完成することがありません。そこも、完成した建築作品であるゴールデンゲートブリッジとの大きな相違点です。

標準模型も、理論全体としての統一感はありませんが、電磁気力、強い力、弱い力、陽子や中性子の構造など、さまざまな問題を解く強力な理論です。実験技術の発達に合わせて成長してきた点も、新宿駅とよく似ています。

このように、標準模型は一言で簡単に説明できる理論ではありませんが、私は一般相対論よりも深い内容を持った理論だと思います。私はこの理論を理解したときに、自然はなんと精妙にできているのかと感銘を受けました。

そして、新宿駅のように、標準模型もまだ完成していません。ヒッグス粒子の発見によって一応の決着は見たものの、これは発展途上の理論だと考えられています。標準模型の未解決の問題をあげてみましょう。

①標準模型は、電磁気力、強い力、弱い力の働き方を説明しますが、重力は含んでいません。重力も自然界の重要な力で、特に宇宙の理解のためにはなくてはならないものです。重力の仕組みはアインシュタインの一般相対論で説明されましたが、それを素粒子論と組み合わせるには、まだまだ多くの課題を克服しなければなりません。また、重力を伝えるとされる重力子も未発見です。

②そもそも、重力以外になぜ三つの力（ヒッグス粒子が伝える「ヒッグス力」も含めると四つの力）があるのか、標準模型ではわかっていません。力はなぜ「一つ」や「八つ」ではないのでしょうか。また、クォークの「小学校」がなぜ二学年ではなく六学年なのかもわかっていません。

③標準模型では、クォークの質量は「粒子のヒッグス荷×ヒッグス場の値」で決まりますが、ヒッグス荷やヒッグス場がなぜそのような値なのかは説明されていません。ヒッグス荷のように基本原理から導かれていない数のことを、理論のパラメータと呼びます。標準模型には一八個のパラメータがあり、さらにニュートリノの質量を含めるとパラメータの数は二五個になります。素粒子の質量には何かパターンがあるようですが、それを説明できる説得力のある理論はまだできていません。これらのパラメータの値を説

明するためには、標準模型よりもさらに根源的な理論が必要になると考えられています。

④ニュートリノが質量を持つかどうかは長い間不明でしたが、一九九八年に日本の実験施設スーパーカミオカンデがニュートリノに質量があることを突き止めました。しかし、標準模型はニュートリノが質量を持たない前提で構築されており、質量を付け加えるためには変更が必要です。そのための試みにはいろいろありますが、どれが正しいのかわからないのが現状です。

⑤標準模型には数学的な矛盾が含まれています。LHCで出せるよりももっと高いエネルギーの現象を考えようとすると、理論が破綻することが知られているのです。もっとも、極限状況に当てはめると破綻する理論は標準模型だけではありません。一般相対論も、重力が強くなる極限状況では破綻することがわかっており、それを克服するために量子力学との融合が求められています（その有力候補が私の専門である超弦理論です）。それと同じように、標準模型もいずれはより基本的な理論に吸収されることによって、数学的な矛盾が解消されるはずです。

さらに、暗黒エネルギーと暗黒物質の謎もあります。これについては、節を改めてお話ししましょう。

宇宙の暗黒エネルギーと暗黒物質の謎

もともと素粒子物理学は、物質の成り立ちを明らかにする学問でした。この世にある物質は何からできていて、そこにどのような力が働いているのか。それを知るために、原子↓原子核↓陽子と中性子↓クォーク……と、よりミクロな世界を見る努力をしてきたわけです。そして、この努力は「宇宙の成り立ち」を理解する営みにほかなりません。

一三七億年前の宇宙誕生直後の状態を理解するためには、最新の素粒子論が必要です。また、加速器実験も、究極的には「宇宙創成の再現」を目指しています。素粒子を知ることは、そのまま宇宙を知ることにつながるのです。

しかし宇宙物理学の分野では、天体観測技術などの発達によって、従来の理論では説明できない現象が見つかりました。とりわけ重要な発見は、宇宙全体のエネルギーの九五パーセントが未知の存在で占められていることです。

しかも、その未知のエネルギー源は一つではありません。これまでのところ、「暗黒エネルギー」と「暗黒物質」の二つに分類されています。前章の最後に登場した暗黒エネルギーは、七〇億年ほど前から宇宙の膨張を加速させている謎のエネルギーのこと。その正体はまだまったくわかりませんが、この暗黒エネルギーが宇宙全体の七一パーセントを占めています。

もう一つの暗黒物質は、銀河や銀河団を取り巻く目に見えない物質のこと。そこに光では見えない謎の粒子があると考えなければ銀河の回転速度などの計算が合わないのですが、正体はわかっていません。その質量をエネルギーに換算すると、宇宙全体の二四パーセント程度になります。

ちなみに、ヒッグス粒子が暗黒物質なのではないかと聞かれることがありますが、これはありえません。ヒッグス粒子はできてもすぐに崩壊してしまうので、宇宙の中にこれだけ安定して存在することはできないのです。

標準模型で説明される通常の物質は、質量をエネルギーに換算すると、宇宙全体のたった五パーセント。つまり宇宙には、標準模型の枠組みの外にある物質が、通常の物質の五倍も存在するのです。標準模型を乗り越える理論がなければ宇宙の成り立ちを説明したことにならないのは、これだけを見ても明らかでしょう。

超対称性模型ではヒッグス粒子が五種類ある

もちろん、私たち物理学者がそれに対して手をこまぬいているわけではありません。すでに、標準模型を乗り越える理論のアイデアはいくつも提案されています。

たとえば「超対称性」を持つ理論はその候補の一つです。超対称性とは、フェルミオンとボゾンを入れ替える対称性のことです。標準模型では、電子やクォークのようなフェルミオンは物質の構成要素、光子やWボゾンのようなボゾンはその間に力を伝えます。ヒッグス粒子もボゾンです。このようにまったく性質の異なるフェルミオンとボゾンを入れ替えるというのは、大きな発想の転換です。

もちろん、私たちの現在の世界にはこのような対称性はありませんから、弱い力の対称性のように自発的に破れていると考えられています。しかし、弱い力の隠された対称性がさまざまな加速器実験で明らかになったように、本来の理論には超対称性があり、それが自発的に破れているのであれば、高いエネルギーでその証拠が見つかるはずです。また、超対称性を持つ理論を考えると、暗黒物質が説明できるかもしれないとも考えられています。

ちなみに、標準模型にはヒッグス粒子は一種類しかありませんが、超対称性を持つ模型では少なくとも五種類のヒッグス粒子が現れます。したがって、このような模型が正しいとすれば、二〇一二年に発見された「ヒッグス粒子」はそのうちのどれかわかりません。

ヒッグス粒子が見つかるまでは、素粒子実験で確認されていた粒子は、電子やクォークのように物質を構成するフェルミオンと、光子やWボゾン、Zボゾンのように横波や縦波を持つボゾンだけでした。ヒッグス粒子は、このどちらとも違う新しい種類のボゾンです。このような粒子が見つかったからには、それが一つだけしかないとすると、それはそれで不思議なことです。ヒッグス粒子は、新しい種族の粒子の先駆けであって、これからこのような粒子がどんどん見つかり、「こんなもの誰が注文したんだ」という騒ぎになってもおかしくないと思います。

このような可能性があるので、その新粒子が「標準模型のヒッグス粒子」かどうかは慎重に検証する必要があるのです。

そのような検証が済み、標準模型の素粒子が出そろったことが確定した場合は、標準模型を超える現象の探索が加速器実験の次なる大目標になるでしょう。そのためにはさらに加速器のエネルギーを高める必要があります。そしてCERNのLHCは、二〇一三年初めからの長期休止の後、二年後には一四TeVの最大エネルギーで実験を再開する予定。これまでの倍近いエネルギーで陽子同士を衝突させれば、暗黒物質候補の新粒子が見つかるかもしれません。

また、LHC以後の加速器実験の計画もあります。たとえば、電子－陽電子を衝突させるLEP実験の上位バージョンを、LHCのトンネルで行おうという計画もその一つ。かつて陽子－反陽子の衝突実験を提唱したカルロ・ルビアは、LHCのトンネルに電子よりも質量の重いミューオンを使えば、より高性能の加速器に改造できると提唱しています。また、短い距離でより効率的に粒子を加速できるCLIC（コンパクト線形加速器）と呼ばれる新技術も開発されつつあります。さらに野心的なのは、ILC（国際線形加速器）計画でしょう。この計画では日本も有力な候補地になっています。

加速器を使うだけが素粒子物理学の実験ではありません。たとえば私が所属する東京大学のカブリＩＰＭＵは、ニュートリノの質量の謎を二重ベータ崩壊という現象によって解明しようとするカムランド実験（この実験施設が地球の中心から来るニュートリノの観測に使われたことは、「はじめに」でお話ししました）や、宇宙から降り注ぐ暗黒物質の直接検出を目指すＸＭＡＳＳ実験に参加しています。いずれの実験も、岐阜県神岡町の神岡鉱山の地下一キロメートルで行われています。また、カブリＩＰＭＵが国立天文台と共同で暗黒物質や暗黒エネルギーの歴史を探るＳｕＭＩＲＥプロジェクトもスタートしました。

これらの実験によって、これから一〇年の間に多くの事実がわかるでしょう。それに伴って、理論も進歩するはずです。標準模型のパラメータを決める基本原理の解明は、私自身の研究プロジェクトでもあります。

「何の役にも立たない」と言われ続けてきた科学者たち

ただし、実験規模の巨大化もあり、このような真理の探究には相当な資金がかかるのも事実です。そこに公金をどの程度まで投入すべきかは、議論のあるところでしょう。ヒッグス粒子発見のニュースが流れたときも、一般の人々から「それは何の役に立つのか？」という声が少なからず聞かれました。素朴な疑問としてそれを口にした人ばかりではないと思います。「役に立たないもの」に税金を使うことに疑問を抱く人は少なくありません。

科学の発見は、ほとんどが純粋な好奇心から生まれます。科学者は、それが何の役に立つのかを考える以前に、自然の本当の姿を知るために研究をしているのです。

しかし、それが結果的に思いがけない応用を持つことが多いのも事実です。私の所属するカリフォルニア工科大学の学長ジャン＝ルー・シャモーは、最近こんなスピーチをしました。

科学の研究が何をもたらすかを予測することはできないが、真のイノベーションが、人々が自由な心と集中力を持って夢を見ることのできる環境から生まれることは確かである。……一見役に立たないような知識の追究や好奇心を応援することは、わが国の利益になることであり、守り育てていかなければいけない。

では、基礎科学の研究が長い目で見ると人類に役に立つことが多いのはなぜでしょうか。そこで重要なのは、基礎科学の持つ普遍性だと私は思います。一九〇〇年前後の数学界で指導的役割を果たしたアンリ・ポアンカレは、その名著『科学と方法』（岩波文庫）に、こんな意味のことを書いています。

価値のある科学とは、普遍的な法則を見つけることである。そして普遍的な科学に価値があるのは、それがさらに多くの科学の発展につながるからである。

実際、普遍的な価値のある発見は、それを発見した人間の動機とは別に、まったく異なる方面の科学とつながることが多いものです。それが将来、実用的な面で応用を持つのはごく自然な流れでしょう。

たとえば十九世紀に電磁誘導を発見したマイケル・ファラデーは、当時の財務大臣ウィリアム・グラッドストーンに「電気にはどのような実用的価値があるのか」と問われ、こう答えたといいます。「何の役に立つかはわからないが、あなたが将来、それに税金をかけるようになることは間違いない」。

ファラデーの発見は、電気力と磁気力とが密接に関連していることを明らかにするものでした。マクスウェルはファラデーのアイデアを発展させ、この二つの力を一つの方程式にまとめ、電磁波を予言します。そして、グラッドストーンがファラデーに「どのような実用的価値があるのか」と問いただした半世紀後には、グリエルモ・マルコーニが電磁波を使って、大西洋を横断する無線通信を実現しました。何の役に立つかわからなかったたんなる好奇心による発見が、今日の情報社会の基礎となる技術を生み出したのです。

ヒッグス粒子の発見も、人々の生活にどう役に立つのかはすぐにはわかりません。しかし、十九世紀に電子が発見されたときも、「こんな発見は何の役にも立たない」と言われたものです。にもかかわらず、現在の私たちの生活は、電子を使った技術を抜きに考えられないものになりました。

もし、十九世紀の科学者たちが「すぐに役に立つ研究」だけに取り組んでいたら、ほとんどの研究者が蒸気機関の改良などに集中してしまい、電磁気の研究は進まなかったでしょう。おそらく、量子力学も発見されなかったことでしょう。電磁気学と並んで、量子力学も現代のテクノロジーを支える柱になっています。好奇心に基づいて普遍的な価値のある発見を目指す科学者たちがいたからこそ、私たちが現在享受しているテクノロジーが発展してきたのです。

戦争ではなく平和目的による技術革新を

古代から近代まで、科学技術の発展をもたらすもう一つの原動力は戦争でした。たとえば古代ギリシアの科学者アルキメデスは、シュラクサイの僭主ヒエロン二世の軍事顧問として、太陽光を集めて帆船の帆を焼く熱光線兵器、大きな爪をクレーンで操作して敵船を破壊する鍵爪、軍艦から海水を排水するためのスクリューなどを発明したと言われています。

十五世紀から十六世紀にかけて、チェザーレ・ボルジアなどの軍事技官となったレオナルド・ダビンチは、機関銃、戦車、潜水具などを考案します。また、その一〇〇年後に望遠鏡を完成させたガリレオ・ガリレイは、それを「国防の役に立ちます」とベニス共和国の元首レオナルド・ドナトに献上。それによって、パドバ大学での終身在職権と年金を手に入れました。

航空技術、レーダー、ロケット、電子計算機、原子力から、インターネットやカーナビなどに使われるGPSにいたるまで、二十世紀の科学技術には軍事と密接な関係を持っているものが数多くあります。

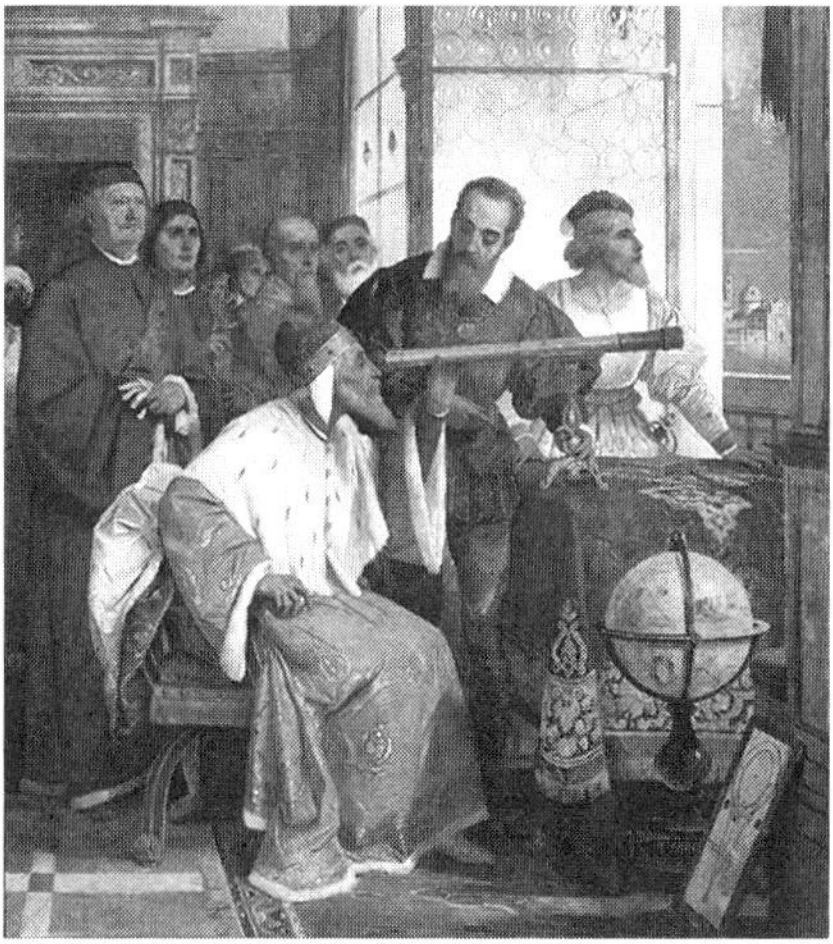
[図40] サン・マルコ広場の鐘楼の上で、ベニス共和国の元首と評議員に望遠鏡の威力を説明するガリレオ。 ジュゼッペ・ベルティーニ作

戦争が科学技術を発展させたのは、それが技術の限界を試す動機になるからです。しかし原水爆の発明によって、人類はこれ以上の戦争技術の開発には耐えられなくなっているのではないでしょうか。もちろん、それが止まる保証はどこにもありません。しかし、戦争ではなく、平和目的のために技術の限界を試すことで科学技術の進歩をもたらしたほうが望ま

しいのは間違いありません。

たとえば人類を月に送ったアポロ計画は、その好例と言えるでしょう。アポロ宇宙船に積み込むコンピュータの開発が集積回路の発達を促したのをはじめ、燃料電池の実用化やコンピュータ制御による工作機の開発も、アポロ計画が大きな動機になっています。

本書のテーマである素粒子物理学も、技術革新をもたらしてきました。ディラックが特殊相対論と量子力学を統合して導いた方程式から予言され、アンダーソンが宇宙線の中に発見した陽電子は、医療用の断層撮影に利用されています。加速器の技術はがん治療の新たな方法につながりました。また、粒子を加速する際に出る放射光は、エネルギーを奪うため実験の邪魔者だと思われていましたが、最近ではそれが物質構造の解明やデバイスの開発などに盛んに応用されています。

実験装置の開発のために技術が発展することも珍しくありません。

カリフォルニア工科大学とマサチューセッツ工科大学が共同で行っている重力波の検出実験（LIGO）では、長さ三キロメートルの真空トンネルを直交するように配置し、その中を走るレーザービームの干渉効果で重力波を観測しようとしています。重力波が通ると、レーザービームを反射する鏡の位置が原子核の直径の一〇万分の一だけずれる。これを測るために開発された精密技術は、量子光学や量子情報の分野に大きな影響を与えています。たとえば、二〇二年にウィーン工科大学の実験グループによって検証されて話題になった「小澤の不等式」——量子力学の不確定性原理に関する公式——も、LIGO実験の精度の限界に関する理論的研究から発見されました。

二〇一二年の夏には、ヒッグス粒子（と思われる新粒子）の発見とともに、NASAの無人探査機「キュリオシティ」の火星着陸というすばらしいニュースもありました。これも、最先端技術の塊のようなプロジェクトです。前回の火星探査機は小型だったので、全体をエアバッグで包み、地面の上で弾ませるようにして着陸しました。しかし今回の探査機はミニバン並の大型なので、その手法は使えません。そこで、逆噴射で浮いている母船からケーブルで吊り下げて着陸させるという方式を採用したのですが、これはNASAの公式発表でも「史上最高難度の冒険的な仕事」と呼ばれたほどの難事業です。こうしたNASAの無人探査を一手に引き受けているのが、カリフォルニア工科大学の一部門であるJPL（ジェット推進研究所）。私も同じ大学に籍を置く者として、今回の成功を誇らしく思っています。

科学がもたらす喜びは文学、音楽、美術と等価

こうして平和目的のプロジェクトから数々の新技術が開発され、日常の生活にも役立つのは、実に有意義なことではないでしょうか。

ちなみに、ＬＨＣ建設費はおよそ四〇〇〇億円。その費用はヨーロッパの二〇の加盟国と日本や米国などの非加盟国が分担しました。日本の分担は金額にすると全体の三パーセント強ですが、ヨーロッパ域外としては真っ先に拠出が決定されたので、実現に大きく貢献したと評価されています。

日本の資金協力によって日本企業にも入札の門戸が開かれ、いわゆるフェア・リターンによって、支出額に見合うだけの受注額を得ています。加速器の動脈とも言える超伝導ケーブルを開発し納入した古河電気工業。そのケーブルの絶縁のために、過酷な環境でも使用できる新素材テープを納入したカネカ。陽子ビームを収束させるための強力な超伝導磁石を製作した東芝。そのための特殊鋼材を納入した新日本製鐵とＪＦＥスティール。超伝導のための極低温冷却装置を製作したＩＨＩ。巨大なＡＴＬＡＳ検出器に組み込まれたさまざまな検出器を担当した浜松ホトニクス、東芝、林栄精機、クラレ、川崎重工業やフジクラなど、日本企業は数々の重要な役割を果たしました。古河電気工業とＩＨＩはＣＥＲＮの「ゴールデン・ハドロン賞」を受賞し、ＬＨＣプロジェクト・リーダーのエバンスは「日本の技術なくしてＬＨＣはできなかった」と賞賛しています。

ＬＨＣ建設費の四〇〇〇億円を「高い」と感じるか「安い」と感じるかは、人それぞれでしょう。比較のために、米国の最新鋭航空母艦一隻の建造費は、その二・五倍の一兆円。二〇一二年に開催されたロンドン・オリンピックの予算は三倍の一兆二〇〇〇億円でした。また、ブラウン大学の調査によると、二〇〇一年九月一一日以来のイラクやアフガニスタンでの武力衝突に、米国政府は二〇一一年までの一〇年間でおよそ三〇〇兆円を費やしたそうです。日割りにすると、ＬＨＣを五日に一台建設できるだけの金額になります。

ヒッグス粒子を発見したＣＥＲＮでの基礎科学の研究は、先端技術の開発にも大いに貢献しています。たとえば、ＷＷＷ（ワールド・ワイド・ウェブ）はＣＥＲＮで発明されました。かつてない巨大な共同研究を進める上で情報を共有するために生まれた技術ですが、ＣＥＲＮはその特許を取得せず世界中の人々と分かち合いました。もし特許を取っていたら、ＬＨＣクラスの実験をいくつも行えるだけの収益があったことでしょう。しかしそのおかげで、私たちはインターネット上の情報にブラウザーを通して自由にアクセスできるようになったのです。この発明がもたらした経済効果は計り知れません。

また、ＬＨＣで陽子を光速近くまで加速するために、巨大な超伝導電磁石を作ったことはすでに紹介しました。この技術は、医療や工業にも応用されています。さらにＬＨＣでは、陽子が一秒間に一〇億回も衝突したデータを処理するために、かつてないほどの計算機能力が必要になりました。最先端の基礎科学は、そうやって技術の限界に挑むことで、イノベーションを促すきっかけとなるのです。

今日、私たちが手に触れるもののほとんどは、科学の成果を受けて開発、改良されたものです。それをさらに進歩させるには、基礎研究をおろそかにするわけにはいきません。「一見すると役に立たない研究」を蔑ろにすれば、その社会のイノベーションは痩せ細るばかりでしょう。

もちろん、基礎研究の価値は「思いがけない応用」という実用面にだけあるわけではありません。

まだ何の役に立つのかわからないヒッグス粒子の発見は、私たちの知的好奇心を満たし、科学のすばらしさを教えてくれました。本書で紹介したように、紆余曲折を経ながら物理学者たちが知恵を絞って考え出したヒッグス粒子が、ついに発見されたのです。これは人類の歴史の中でも、最も感動的な知的冒険の一つだったと言えるでしょう。

そもそもCERNは、第二次世界大戦によって引き裂かれたヨーロッパ諸国が、共同で科学研究を行う場として生まれました。現在では、八〇カ国を超える国々の科学者たちが、肩を並べて研究をしています。カフェテリアに行けば、イスラエル、イラン、パレスチナといった敵対関係にある国や地域の科学者たちが談笑する姿を見かけることも珍しくありません。

現代の文明社会は、さまざまな問題を抱えています。戦争や紛争もなくなりません。しかし素粒子の標準模型は、数多くの国々の科学者たちが、自然界の基本法則を見つけようという一つの目的のために協力することで作り上げられました。これは現代文明が生んだ最良の成果だと私は思っています。

こうした科学の成果が与えてくれる喜びは、文学、音楽、美術などがもたらすものと変わるところがありません。自然界の奥底に潜む真実を解き明かす科学は、この宇宙における私たち人間の存在について、深く考えるきっかけを与えてくれる。それこそが科学の喜びであり、私たちが大切にすべき価値だと思います。

あとがき

ヒッグス場の理論を使って弱い力と電磁気力の統一に成功し、標準模型の完成に王手をかけたスティーブン・ワインバーグは、その名著『宇宙創成はじめの三分間』（ちくま学芸文庫）の最後に、次のように記しています。

宇宙のことがわかるにつれて、そこには意味がないように思えてくる。

私たち人間は太古から、各々に与えられた短い時間を生きることの意味を見出そうとしてきました。しかし、ガリレオやニュートンに始まる過去四〇〇年間の科学の発展により、私たちの知るかぎり、宇宙を支配しているのは数学的に表現された自然法則であることがわかりました。この法則に支配されて進行してゆく宇宙のドラマにおいて、人間は小さな星の上に偶然現れた存在であり、何か特別な役割があたえられているわけではない。宇宙の中に意味を見出すことはできないというのが、ワインバーグの結論でした。

このような冷徹な自然観は、有限の人生を生きなければならない人間にとって、悲観的なものであると言えるかもしれません。しかし、シェークスピアの悲劇の主人公とは異なり、私たちにはあらかじめ脚本が書かれているわけではありません。宇宙自身に意味がないのなら、私たちが主体的に、その生き方によって意味を見出せばよいのです。

科学の方法によって自然界の仕組みを探り、宇宙の中で私たちがどのような存在であるかを知ることは、私たちの人生を豊かなものにします。私の専門の素粒子論でも、困難な計算に取り組んでいて硬い岩の間に裂け目が見つかり光が差し込んだり、ふと思いついたアイデアで一瞬にして展望が広がったりすることがあります。研究室の帰りに夜空の星をながめながら、この答えを知っているのは世界に自分しかいないという感動を覚えることは、研究者なら誰しも経験することでしょう。そこには意味があると私は思います。

アルベルト・アインシュタインは伝統的な意味の宗教の信者ではありませんでしたが、自然には発見されるべき合理的な法則が存在すると信じ、その法則を探究することを人生の目的としていました。そして、そのような法則は人知のおよぶものであるとして、

神は老獪《ろうかい》であるが悪意はない

という有名な言葉を残しています。この言葉の意味を問われた彼は、「自然がその秘密を隠すのは、本質のしからしめる高貴さのためであって、策略のためではない」と答えています。

本書のテーマは、まさしく老獪な神によって隠された弱い力の美しい対称性を、物理学者たちが数々の苦難を乗り越え、人知を尽くして解き明かしてきた歴史でした。そして、その実験的検証の最後のステップであるヒッグス粒子がついに発見されたことは、神には悪意はなく、自然には合理的な法則があることの現れだと思います。

このヒッグス粒子の発見には、科学者や技術者の努力だけでなく、LHC実験に参加した日本を含む各国の支援が必要でした。日本の一般の人々も、選挙で選ばれた代表者を通じてこのような基礎研究の意義を認め、そのための資金を分担することで、自然の最も深い真実を科学の方法で発見するという壮大な知的冒険に参加されたのです。このニュースは新聞の一面に取り上げられ、大きな関心を呼び起こしました。発見の喜びを分かち合えたのは、すばらしいことでした。しかし、その成果を伝えるはずの解説記事を読んで、「ヒッグス粒子の説明に水飴はないだろう」と残念にも思いました。私たち物理学者が知っているヒッグス粒子とはまったく異なるものだからです。もっときちんとした説明ができるはずだ、というのが本書の執筆の動機でした。執筆の際に常に心に置いていたのは、読者に敬意を持って接するということでした。理を尽くして説明すれば理解してもらえるはずだと信じて書きました。

本書は、「質量とは何か」とか「力とは何か」といった基礎のところから説き起こし、四〇名以上のノーベル賞受賞者を含む数多くの物理学者が何世代もかけて築き上げた素粒子の標準模型の全貌を解説し、ヒッグス粒子発見の本当の意義を理解していただこうという野心的なプロジェクトでした。そのために、全体の構成を何度も練り直し、たとえ話などについても新しい工夫をしました。前著『重力とは何か』に続いて、編集にご協力いただいた岡田仁志さん、ありがとうございました。大切だと思うことは丁寧に説明するようにしたので、幻冬舎新書編集長の小木田順子さんは、ドロップボックスに置いた原稿がどんどん長くなっていくのを、ハラハラしながらながめていらしたのではないかと思います。うまく手綱をとってくださったおかげで、新書一冊の分量に収めることができました。

素粒子の標準模型の話題は多岐にわたるので、正確さを期するために、さまざまな分野の専門家にご相談しました。特に、カリフォルニア工科大学で標準模型の拡張や暗黒物質の解明に取り組んでいるゴードン・ムーア研究員の石渡弘治さんには、本書の原稿に目を通していただき、貴重なご意見をいただきました。ありがとうございました。本書の内容についての責任は、私が負うことは言うまでもありません。

素人代表として原稿を読んでくれた、文系出身の妻にも感謝します。「数学の力で自然の深い真実を探るって言っていたのは、こういう意味だったのね」との読後感想に、銀婚式間近にしてようやくわかってくれたかと思いました。

標準模型は完成しましたが、自然の基本法則の探究はまだ道半ばです。私たちは、宇宙の五パーセントしか知らない。残りの九五パーセントにも、発見されるべき合理的な法則が存在するはずです。老獪な神が隠した自然の美しい姿を解き明かす旅がまた始まります。

著者略歴

大栗博司《おおぐりひろし》

一九六二年生まれ。京都大学理学部卒業。
京都大学大学院理学研究科修士課程修了。理学博士。
東京大学助手、プリンストン高等研究所研究員、シカゴ大学助教授、
京都大学助教授、カリフォルニア大学バークレイ校教授などを経て、
現在、カリフォルニア工科大学カブリ冠教授及び数学・物理学・天文学部門副部門長、
東京大学カブリＩＰＭＵ（数物連携宇宙研究機構）主任研究員。専門は素粒子論。
超弦理論の研究に対し、二〇〇八年アイゼンバッド賞（アメリカ数学会）、
高木レクチャー（日本数学会）、〇九年フンボルト賞、仁科記念賞、
一二年サイモンズ研究賞受賞。アメリカ数学会フェロー。
著書に『重力とは何か』（幻冬舎新書）、
『素粒子論のランドスケープ』（数学書房）がある。

幻冬舎新書 292

強い力と弱い力
ヒッグス粒子が宇宙にかけた魔法を解く

二〇一三年一月三十日 第一刷発行

著者 大栗博司

発行人 見城 徹

編集人 志儀保博

発行所 株式会社 幻冬舎

〒一五一－〇〇五一東京都渋谷区千駄ヶ谷四－九－七

電話 〇三－五四一一－六二一一（編集）

〇三－五四一一－六二二二（営業）

振替 〇〇一二〇－八－七六七六四三

ブックデザイン 鈴木成一デザイン室

印刷・製本所 株式会社 光邦

Printed in Japan ISBN978-4-344-98293-2 C0295

お－13－2

幻冬舎ホームページアドレス http://www.gentosha.co.jp/

＊この本に関するご意見・ご感想をメールでお寄せいただく場合は、comment@gentosha.co.jp まで。

幻冬舎新書

大栗博司
重力とは何か
アインシュタインから超弦理論へ、宇宙の謎に迫る

私たちを地球につなぎ止めている重力は、宇宙を支配する力でもある。「弱い」「消せる」など不思議な性質があり、まだその働きが解明されていない重力。最新の重力研究から宇宙の根本原理に迫る。

村山斉
宇宙は何でできているのか
素粒子物理学で解く宇宙の謎

物質を作る究極の粒子である素粒子。物質の根源を探る素粒子研究はそのまま宇宙誕生の謎解きに通じる。「すべての星と原子を足しても宇宙全体のほんの４％」など、やさしく楽しく語る素粒子宇宙論入門。

高井研
生命はなぜ生まれたのか
地球生物の起源の謎に迫る

40億年前の原始地球の深海で生まれた最初の生命は、いかにして生態系を築き、我々の「共通祖先」となりえたのか。生物学、地質学の両面からその知られざるメカニズムを解き明かす。

巽好幸
地球の中心で何が起こっているのか
地殻変動のダイナミズムと謎

なぜ大地は動き、火山は噴火するのか。その根源は、6000度もの高温の地球深部と、地表の極端な温度差にあった。世界が認める地質学者が解き明かす、未知なる地球科学の最前線。

幻冬舎新書

伊東乾
人生が深まるクラシック音楽入門

いくつかのツボを押さえるだけで無限に深く味わえるクラシックの世界。「西洋音楽の歴史」「楽器とホールの響きの秘密」「名指揮者・演奏家の素顔」などをやさしく解説。どんどん聴きたくなるリストつき。

森博嗣
科学的とはどういう意味か

科学的無知や思考停止ほど、危険なものはない。今、個人レベルで「身を守る力」としての科学的な知識や考え方とは何か——。元・N大学工学部助教授の理系人気作家による科学的思考法入門。

田沼靖一
ヒトはどうして死ぬのか
死の遺伝子の謎

いつから生物は死ぬようになったのか？　ヒトが誕生時から内包している「死の遺伝子」とは何なのか？　細胞の死と医薬品開発の最新科学を解説しながら新しい死生観を問いかける画期的な書。

荘司雅彦
13歳からの法学部入門

君が自由で安全な毎日を送れるのは法律があるからだ。では法律さえあれば正義は実現するのか？　君の自由と他人の自由が衝突したら、法律はどう調整するのか？　法律の歴史と仕組みをやさしく講義。

小浜逸郎
日本の七大思想家
丸山眞男／吉本隆明／時枝誠記／大森荘蔵／小林秀雄／和辻哲郎／福澤諭吉

第二次大戦敗戦をまたいで現われ、西洋近代とひとり格闘し、創造的思考に到達した七人の思想家。その足跡を検証し、日本発の文明的普遍性の可能性を探る。日本人の精神再建のための野心的論考。

辨野義己
大便通《だいべんつう》
知っているようで知らない大腸・便・腸内細菌

ふだん目を背けて生活しているが、日本人は一生に約8・8トンの大便をする。大腸と腸内細菌の最前線を読み解き「大便通」になることで「大便通」が訪れる、すぐに始められる健康の科学。

岡田斗司夫 FREEex
オタクの息子に悩んでます
朝日新聞「悩みのるつぼ」より

朝日新聞beの人気連載「悩みのるつぼ」で読者や相談者本人から絶大な信頼を得る著者が、人生相談の「回答」に辿り着くまでの思考経路を公開。問題解決のための思考力が身につく画期的な書。

倉阪鬼一郎
怖い俳句

世界最短の詩文学・俳句は同時に世界最恐の文芸形式でもある。短いから言葉が心の深く暗い部分にまで響く。ホラー小説家・俳人の著者が、芭蕉から現代までをたどった傑作アンソロジー。